2024
中国能效分析
与展望

国网能源研究院有限公司　编著

中国电力出版社
CHINA ELECTRIC POWER PRESS

国网
能源研究
STATE GRID
ENERGY RESEARCH

图书在版编目（CIP）数据

中国能效分析与展望. 2024 / 国网能源研究院有限
公司编著. -- 北京：中国电力出版社，2025. 6.
ISBN 978-7-5198-9855-7

Ⅰ. TK01

中国国家版本馆 CIP 数据核字第 2025NP4548 号

出版发行：中国电力出版社
地　　址：北京市东城区北京站西街 19 号（邮政编码 100005）
网　　址：http://www.cepp.sgcc.com.cn
责任编辑：娄雪芳（010-63412375）
责任校对：黄　蓓　李　楠
装帧设计：张俊霞
责任印制：吴　迪

印　　刷：北京瑞禾彩色印刷有限公司
版　　次：2025 年 6 月第一版
印　　次：2025 年 6 月北京第一次印刷
开　　本：787 毫米×1092 毫米　16 开本
印　　张：8
字　　数：112 千字
印　　数：0001—1500 册
定　　价：168.00 元

声　明

一、本报告著作权归国网能源研究院有限公司单独所有。如基于商业目的需要使用本报告中的信息（包括报告全部或部分内容），应经书面许可。

二、本报告中部分文字和数据采集于公开信息，相关权利为原著者所有，如对相关文献和信息的解读有不足、不妥或理解错误之处，敬请原著者随时指正。

前　言

　　我国经济发展呈现稳步向好态势，能源需求仍将维持刚性增长。同时，国网能源研究院有限公司研究团队注意到，我国能耗强度是世界平均水平的 1.5 倍，六大高耗能行业能耗占比高达 75%，"十四五"单位 GDP 能耗降低指标进展滞后于预期。2024 年 5 月，国务院发布了关于印发《2024－2025 年节能降碳行动方案》的通知，强调了节能降碳是积极稳妥推进碳达峰碳中和、全面推进美丽中国建设、促进经济社会发展全面绿色转型的重要举措，并指出尽最大努力完成"十四五"节能降碳约束性指标。

　　《中国能效分析与展望》是国网能源研究院有限公司 2024 年度系列分析报告之一。2023 年首次出版，今年是第 2 年。本报告力争系统性梳理我国能效发展现状，并结合我国能源发展面临的新形势，有针对性地提出重点领域发展方向和用能策略。在研究方法上，将国内与国外结合、现状与趋势结合、宏观环境与微观实践结合，研究了能效关键因素的发展趋势和重点用能领域的能效提升关键环节，并基于模型测算了不同情景下的全社会和各领域能效潜力及对碳减排的贡献，具体分析了重点用能领域能效提升路径和潜力。为体现研究深度，本报告设立了两个专题，分别为我国单位 GDP 电耗发展分析、工业重点行业及技术领域关键节能降碳技术。

　　本报告具有如下特点：一是系统性。本报告在构建能效影响因素体系的基础上，从工业、建筑、交通、农业多领域，生产、传输、利用多环节，近期、中期、远期多维度系统研究了能源效率的现状和发展情况。二是学术性。本报告构建了 4E-SD 能效模型，考虑了能源效率全要素，对我国能源消费和能效潜力进行了预测和展望。三是参考性。本报告结合多方实践和研究成果，梳理了能源消费全环节和重点用能领域能效提升的案例和关键技术路线。

限于作者水平，虽然对书稿进行了反复研究推敲，但难免仍会存在疏漏与不足之处，期待读者批评指正！

编著者

2024 年 12 月

目 录

前言

概　　论

　　节能提效是积极稳妥推进碳达峰碳中和、全面推进美丽中国建设、促进经济社会发展全面绿色转型的重要举措。工业、建筑、交通运输、公共机构等作为全社会能源消耗的主体，是节能提效工作的"基本盘"。节能提效要啃"硬骨头"，通过全面实施节能标准、推广先进能效产品、淘汰落后产能，重点领域能效水平将持续提升。

　　（一）我国能效现状

　　（1）全社会单位 GDP 能耗持续下降但降幅放缓，终端化石能源消费占比持续下降。2022 年，我国单位 GDP 能耗为 0.48tce/万元（2020 年不变价），与上年基本持平，近十年累计降低 34.6%。终端化石能源消费占比逐年下降至 64.3%，终端电气化水平达到 27.3%，近十年提升了 8.0 个百分点。从国际对比看，我国非化石能源发电占比低于世界平均水平，终端电气化高于世界平均水平，说明目前我国用电仍主要来自化石能源发电。

　　（2）我国能源加工转换效率保持在 73% 左右，发供电煤耗小幅上升。我国能源加工转换总效率近十年来保持稳定，其中，炼焦、炼油效率较高，分别约为 93%、95%；发电及供热效率较低但逐年提升，2023 年为 47.1%。全国 6000kW及以上火电机组发电和供电煤耗均小幅上升，2023 年分别为 287.6、301.6gce/（kW·h）。全国电力线路损失率持续下降，近年来下降较快，2023 年为 4.54%。

　　（3）深挖工业领域节能潜力，工业行业增加值能耗持续下降，部分产品单位综合能耗已达世界先进水平。近十年来，我国规模以上工业单位增加值能耗累计下降超过 36%，钢铁、电解铝、水泥、玻璃等单位产品综合能耗平均降幅

1

达 9%以上。2022 年，工业行业增加值能耗下降至 0.66tce/万元，近十年累计下降了 33.2%。其中，吨钢综合能耗和可比能耗分别为 551.36、485.77kgce/t，铝综合交流电耗为 13 488kW·h/t，铜冶炼综合能耗远低于世界先进水平，为 286kgce/t，水泥、平板玻璃等建材主要产品能耗小幅下降，乙烯单位综合能耗同比降低 2.2%。

（4）建筑领域能源消费总量增速放缓，用能结构持续优化，推广绿色节能建筑。我国正处于全球规模最大的城镇化进程中，为避免形成高碳锁定效应，中国强化新建建筑节能标准要求，稳步推进既有建筑节能改造，加快发展超低能耗、近零能耗建筑。2022 年建筑终端电能占比为 55.2%。

（5）全方位构建清洁高效的交通运输体系，交通行业增加值能耗稳步下降。随着经济社会发展，物流、出行需求不断增加，交通用能还将持续增长。我国加快发展多式联运，提高铁路、水路在综合运输中的承运比重。深入推进城市公共交通优先发展，构建完善绿色出行服务体系，在城市客运领域推广应用新能源车辆。机动车排放标准与世界先进水平接轨，基本淘汰国三及以下排放标准汽车。运输能耗强度不断下降，2022 年行业增加值能耗为 0.84tce/万元。

（6）农业行业增加值能耗缓慢下降，用能结构持续优化。2022 年，农业生产行业增加值能耗下降至 114kgce/万元。终端煤炭消费占比快速下降，电力消费占比逐步提升，达到 22.2%。

（二）我国能效趋势

（1）我国能效水平持续提升，实现碳中和须加速能效技术进步。到 2060 年，我国非化石能源消费占比将超过 80%。单位 GDP 能耗在"十四五"期间降幅为 13.5%，2030、2060 年分别比 2020 年降低 21.6%、70.3%。按照现有技术水平测算，能效提升对碳减排的贡献度约为 42%，较难实现碳中和，需进一步加快技术进步，将能效对碳排放的贡献度提升至 76%左右。

（2）能源生产加工将实现以电为中心的多能互补技术形态。能源生产加工和转换将更加清洁化，电力将充分发挥能源资源配置平台作用，以电为中心，电、气、冷、热、氢等多能互补、灵活转换是能源系统发展演变的潮流趋势。"大云物移智链"等数字化技术为能源领域持续赋能，全国范围内能源资源协同互济能力显著提升，大力推进新能源供给消纳体系建设，加快构建新型电力系统和新型能源体系。

预计 2025、2030、2060 年，我国火电机组平均供电煤耗分别为 280、250、200gce/（kW·h），厂用电率分别为 4.3%、3.9%、3.1%，全国线路损失率预计分别为 5.5%、5%、4%。原煤开采及洗选综合能耗为 10.8、10.1、8.9kgce/t，炼焦总效率分别为 93.7%、94.6%、96.0%，炼油总效率将分别提升至 96.1%、96.5%、98.0%。

（3）工业领域将调整优化用能结构、实施节能改造、强化节能监督管理。黑色金属工业近期加强现有节能技术创新、推进钢铁企业兼并重组，中期有序发展电炉炼钢、推动高端制造与智能制造，远期技术创新取得重大突破、管理创新推动高质量发展。有色金属工业近期推广先进适用技术、完善节能降耗机制，中期推动生产方式向智能、柔性、精细化转变，远期推进高端化制造、研发新技术新材料。建筑材料工业近期低效产能退出、推动节能改造，中期重点技术突破、原料替代和固废利用，远期实现碳捕集利用、绿色制造体系。石油和化学工业近期着力于推动结构调整和转型升级，中期推进碳中和进程和打造低碳管理体系，远期构建新型绿色产业链条和零碳生产体系。

预计 2025、2030、2060 年，我国吨钢综合能耗将分别降至 537、511、359kgce/t，电解铝综合电耗将分别降至 12 950、12 820、12 270kW·h/t，水泥综合能耗将分别降至 112、108、98kgce/t，平板玻璃综合能耗将分别降至 11.2、10.8、8.5kgce/重量箱，乙烯单位产品综合能耗将分别降至 799、789、770kgce/t，烧碱单位产品综合能耗分别降至 817、795、720kgce/t。

（4）建筑领域将持续调整用能结构、深化节能技术、加强用能管理。近期主要强化被动式建造和节能改造标准，提升绿色建筑占比，加快太阳能和生物质能应用，完善供热管道等建筑基础设施用能管理。中期将重点推进公共建筑能效提升，加速提升建筑电气化水平，充分发挥热电联产效能，加强建筑用能设备数字化管理。远期将鼓励建筑参与要求响应，完善金融对清洁采暖的支持，建成智慧供热系统，发展零能耗建筑。

预计 2025、2030、2060 年，我国北方供暖能耗强度分别为 12、8、6kgce/m^2，城镇住宅建筑能耗强度分别为 800、770、640kgce/户，农村住宅建筑能耗强度分别为 1350、1220、1000kgce/户，公共建筑建筑能耗强度分别为 28、20、14kgce/m^2。

（5）交通领域将持续调整运输结构、加强节能降碳技术、提升现代化管理水平。近期主要提升铁路、水路运输比例，加强绿色交通运输能力，加强交通智能管理水平。中期将加速优化运输结构，加快交通运输电能替代，进一步提升交通领域智慧用能水平。远期将实现各类运输方式有效组合，交通运输电动化、智能化、低碳治理体系和治理能力现代化全面实现。

预计 2025、2030、2060 年，我国公路运输单位周转量能耗将分别下降至 320、310、264kgce/（万 t·km），铁路运输单位运输周转量能耗将分别下降至 37、34、24kgce/（万 t·km），水路运输单位周转量能耗将分别下降至 29、26、22kgce/（万 t·km），航空运输单位周转量能耗将分别下降至 4101、4094、3960kgce/（万 t·km）。

（6）农业生产将大力推动绿色用能和数字化转型。近期构建现代农业产业园和优势特色产业集群。中期基于农业信息全景感知，建立数据传输存储机制，实现农业信息的多尺度耦合。远期实现能源价值服务"高质效"，构建农村能源生态体系。

预计 2025、2030、2060 年，农业行业增加值能耗将分别降至 72、68、38kgce/万元，实现高标准农田、全电景区、农产品加工等配套电力设施投入。

（撰写人：张玉琢　审核人：吴鹏）

1

我国能效发展现状分析

1.1　全 社 会 能 效 水 平[❶]

1.1.1　能源消费

（1）一次能源消费持续增长，非化石能源消费快速提升。

随着我国经济持续快速发展，我国一次能源消费总量增长显著，2022 年达到 54.1 亿 tce，是 2010 年的 1.5 倍。一次能源消费增速整体呈"先逐步趋缓、后逐步加快"的特征，2010－2022 年年均增速为 3.4%，其中 2015 年增速最低，为 1.3%（见图 1-1）。从用能结构看，原煤占比逐年下降，从 2010 年的 69.2% 下降到 2022 年的 56%；原油占比从 2010 年的 17.4% 小幅上升到 2022 年的 18.0%，期间最高占比 19.0%、最低占比 16.8%；天然气、一次电力及其他能源占比逐年上升，分别从 2010 年的 4%、9.4% 上升到 2022 年的 8.4%、17.6%（见图 1-2）。

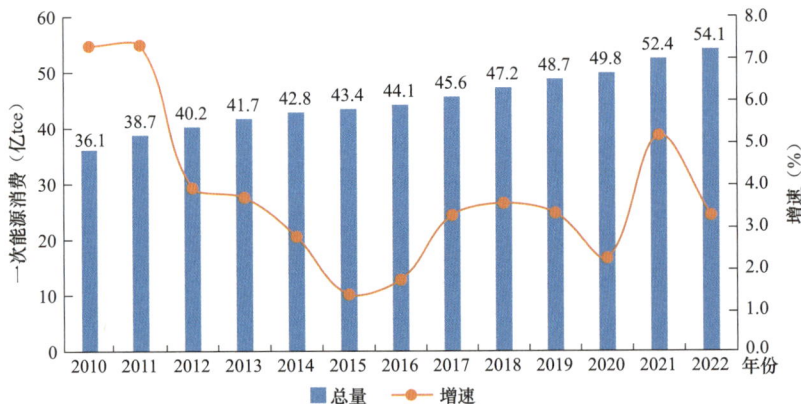

图 1-1　2010－2022 年我国一次能源消费总量及增速

（2）人均能源消费近年来持续增长。

---

❶　本节中涉及的国内数据来源为《中国能源统计年鉴 2023》，国际数据来源为国际能源署。

我国人均能源消费量增长显著，2022 年达到 3831kgce，是 2010 年的 1.4 倍。从增速来看，人均能源消费增速整体呈"先逐步趋缓、后逐步加快"的特征，2010－2022 年年均增速 3.0%，其中 2015 年增速最低，为 0.8%（见图 1-3）。

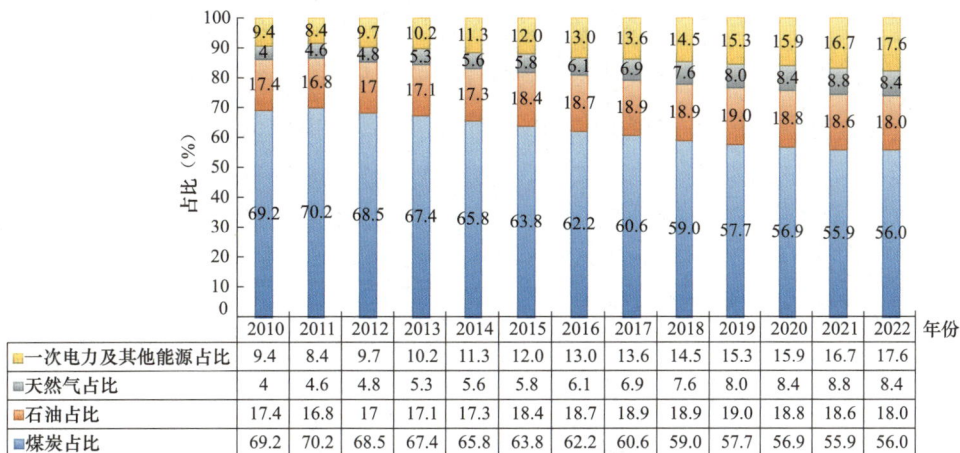

	2010	2011	2012	2013	2014	2015	2016	2017	2018	2019	2020	2021	2022	年份
一次电力及其他能源占比	9.4	8.4	9.7	10.2	11.3	12.0	13.0	13.6	14.5	15.3	15.9	16.7	17.6	
天然气占比	4	4.6	4.8	5.3	5.6	5.8	6.1	6.9	7.6	8.0	8.4	8.8	8.4	
石油占比	17.4	16.8	17	17.1	17.3	18.4	18.7	18.9	18.9	19.0	18.8	18.6	18.0	
煤炭占比	69.2	70.2	68.5	67.4	65.8	63.8	62.2	60.6	59.0	57.7	56.9	55.9	56.0	

图 1-2　2010－2022 年我国一次能源消费结构

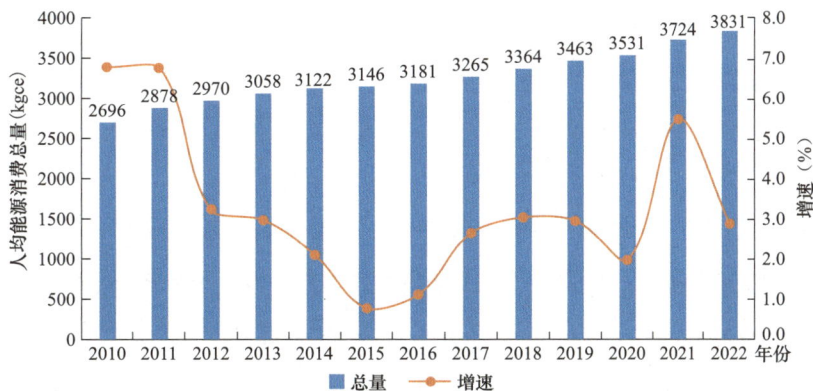

图 1-3　2010－2022 年我国人均能源消费总量及增速

我国能源消费总量远高于其他国家，人均能源消费相对较低。2022 年，我国能源消费总量居世界首位，分别是美国、欧盟、俄罗斯的 1.7、2.9、4.7 倍，中国、美国、欧盟一次能源消费合计约占全球的一半（见图 1-4）。近年来，发达国家人均能源消费整体呈下降趋势，我国人均能源消费量持续增加，分别是美国、俄罗斯、欧盟的 2/5、1/2、4/5（见图 1-5）。

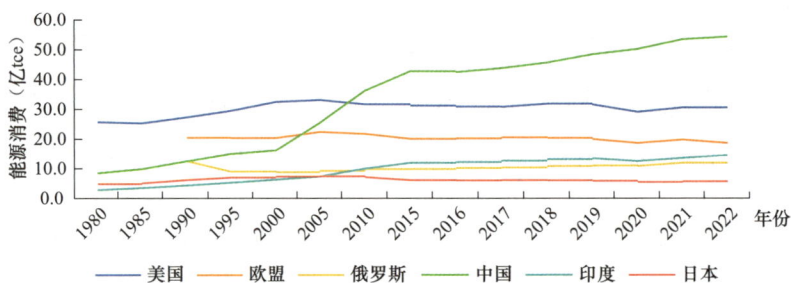

图 1-4　1980－2022 年部分国家一次能源消费

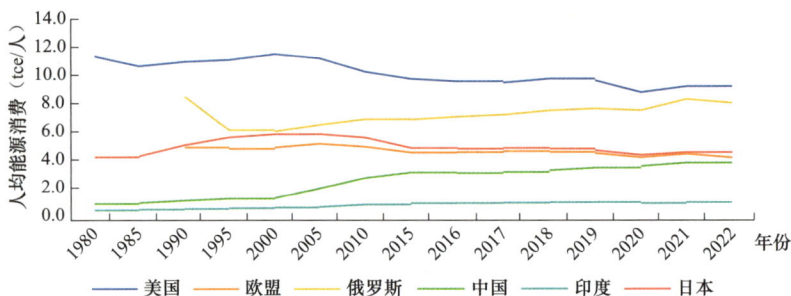

图 1-5　1980－2022 年部分国家人均能源消费

1.1.2　终端能源消费

（1）我国终端能源消费持续增长。

2022 年，我国终端能源消费总量为 38.4 亿 tce，比 2010 年增长了 48.0%。终端能源消费增速整体呈现先降后升特征，2010－2022 年年均增速为 3.3%（见图 1-6）。从用能结构看，终端化石能源消费持续下降，电气化水平持续提升，2022 年达到 27.3%，相较 2010 年提升了 8.7 个百分点（见图 1-7）。电能替代深入重点行业工艺环节、融入关键领域用能转型，带动重点行业和主要部门用能形态发生显著变化。

（2）我国清洁用电水平与世界相比有一定差距。

从国际能源署统计口径看，中国 2022 年非化石能源发电占比为 34.9%，低于世界平均水平 4.5 个百分点，分别比法国、巴西、英国、德国低 57%、56%、23%、17%（见图 1-8）。终端电气化水平高于世界平均水平 7.5 个百分点，仅次

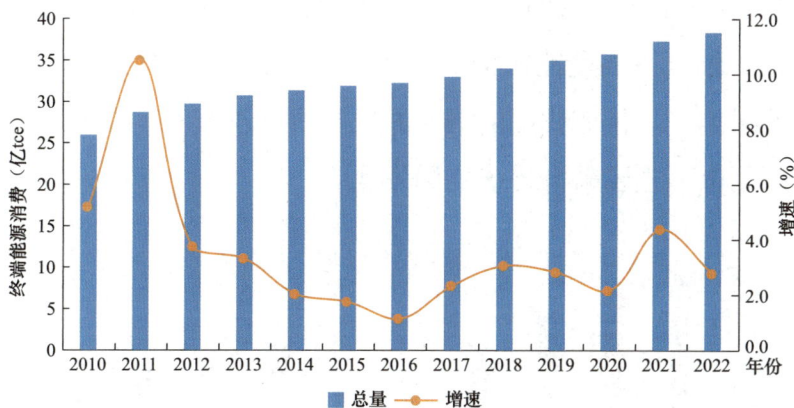

图 1-6　2010－2022 年终端能源消费总量和增速

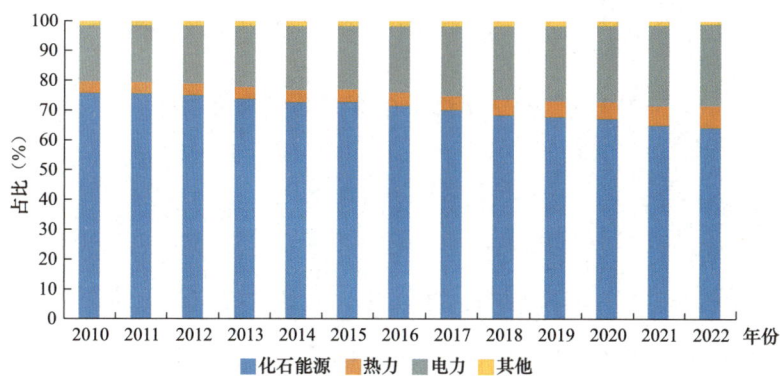

图 1-7　2010－2022 年终端用能结构

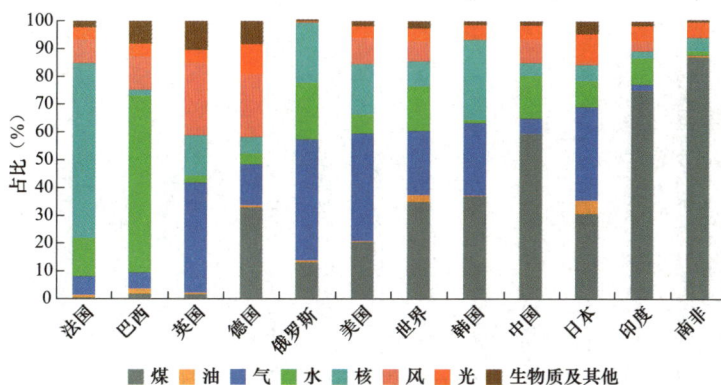

图 1-8　2022 年主要国家发电结构

于日本。电气化水平总体上与油气资源富集程度呈负相关，英国、美国、俄罗斯等国家油气丰富，油气占终端能源消费比重较高，在一定程度上抑制了电气化水平的提升（见图1-9）。目前我国清洁能源发电占比较低但终端电气化水平较高，说明目前我国用电仍主要来自传统能源发电。

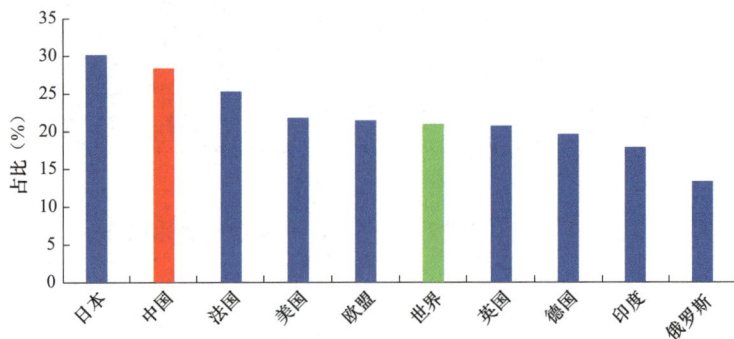

图 1-9　2022 年部分国家终端电气化水平

1.1.3　能源效率

随着我国经济社会发展绿色化、低碳化，我国单位 GDP 能耗下降显著，2022年达到 0.48tce/万元，相较 2010 年下降了 40.7%。从增速来看，单位 GDP 能耗下降速度整体呈"先逐步加快、后逐步趋缓"的特征，"十二五""十三五"期间分别下降了 19.9%、13.2%（见图1-10）。

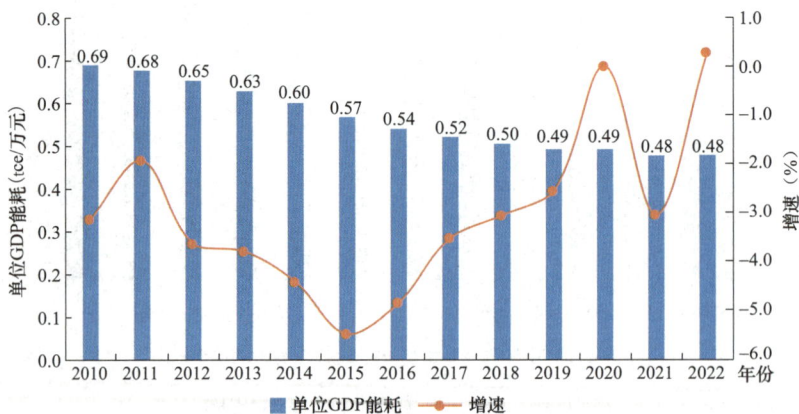

图 1-10　2010－2022 年我国单位 GDP 能耗及降幅（2020 年不变价）

能源加工转换效率保持稳定，发电效率仍有提升空间。我国能源加工转换效率近十年来稳定在 73%左右，其中，炼焦、炼油效率较高，分别约为 93%、95%；发电供热效率较低但逐年提升，2022 年为 47.9%（见图 1-11）。

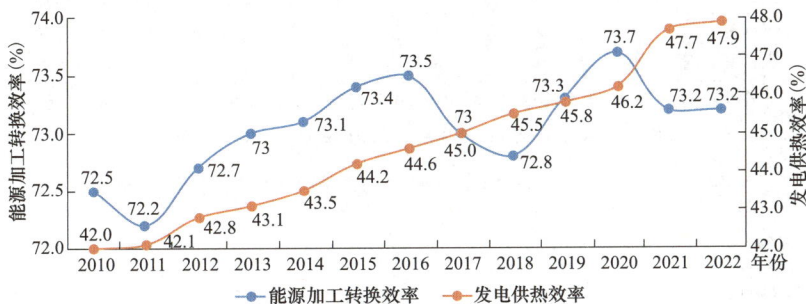

图 1-11　2010－2022 年我国能源加工转换效率和发电供热效率

（本节撰写人：张煜、张玉琢　审核人：吴鹏）

1.2　能源生产、转换、传输环节

1.2.1　电力生产与传输能效水平及措施

（1）发电结构持续优化，电网输送能力持续增强。

全国全口径发电量持续快速增长，2023 年为 94 564 亿 kW·h，比 2014 年提高了 67.4%；发电结构持续优化，火力发电仍占主导地位但占比持续下降，非化石能源发电占比持续提升，2023 年火电、风电、太阳能发电占比分别为 66.3%、9.4%、6.2%，较 2014 年分别降低 12.3、提高 6.8、提高 6.0 个百分点（见图 1-12）。全国电网 220kV 及以上输电线路回路长度和变电设备容量均持续快速提升，截至 2023 年底分别为 92.0 万 km、54.2 亿 kV·A，分别比 2014 年提高了 65.7、88.1 个百分点（见图 1-13）。

11

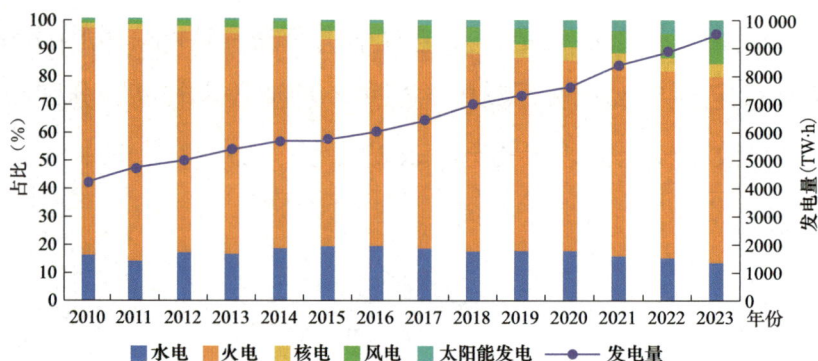

图 1-12　2010－2023 年全国全口径发电量及发电结构

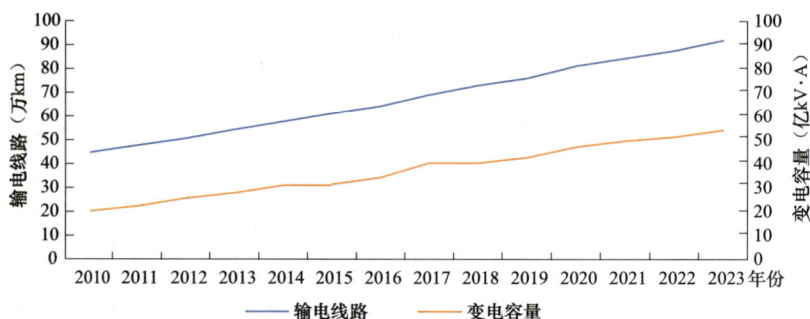

图 1-13　2010－2023 年全国电网 220kV 及以上输电线路长度及变电容量

（2）火电供电煤耗和电网线路损失率小幅上升。

全国 6000kW 及以上火电机组发电和供电煤耗有所上升，整体呈下降趋势，2023 年分别为 287.6、301.6gce/（kW·h），比 2014 年分别下降了 5.6%、5.8%（见图 1-14）。全国电力线路损失率持续下降，近年来下降较快，2023 年为 4.54%，比

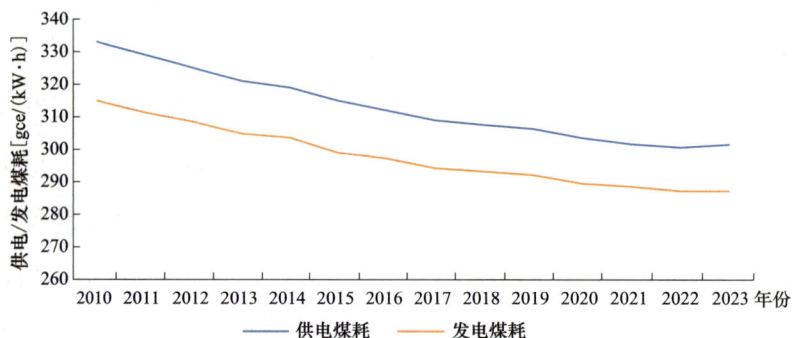

图 1-14　2010－2023 年全国 6000kW 及以上火电机组供电/发电煤耗

2014 年降低了 2.1 个百分点。全国 6000kW 及以上电厂综合厂用电率有所提升，整体呈下降趋势，2023 年为 4.65%，比 2014 年降低了 0.18 个百分点（见图 1-15）。

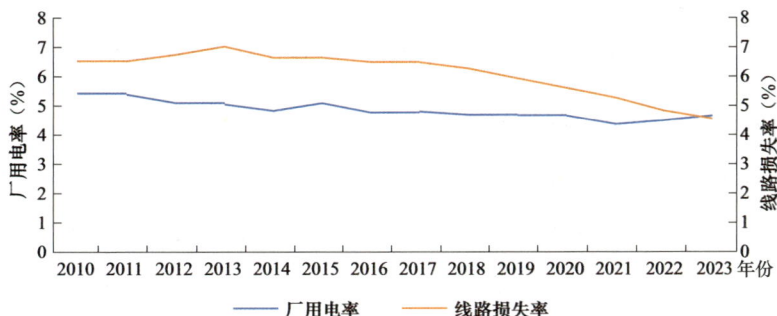

图 1-15　2010—2023 年全国电力线路损失率及 6000kW 及以上火电机组厂用电率

（3）新型电力系统建设快速发展。

2024 年 7 月，国家发展改革委、国家能源局、国家数据局联合印发了《加快构建新型电力系统行动方案（2024—2027 年）》，提出了新型电力系统建设的具体行动方案。该方案旨在深入贯彻落实习近平总书记关于构建新型电力系统的重要指示精神，通过加大工作力度，因地制宜加快推进新型电力系统建设。方案中提出了数智化坚强电网的建设、优质抽水蓄能项目的开展、新型电力系统建设评价体系的构建等重点任务，以实现清洁低碳、安全高效、智慧融合的电力系统，推动电力行业的绿色发展。

截至 2023 年底，全国非化石能源发电装机容量 157 541 万 kW，同比增长 24.1%，占总装机容量百分比首次突破 50%，达到 53.9%。2023 年，基建新增非化石能源发电装机容量合计 30 762 万 kW，同比增长 96.2%，占新增发电装机总量的 83.0%。安全充裕方面，2023 年，全国新增支撑性电源（煤电、气电、常规水电、核电）6338 万 kW，西电东送规模超过 3 亿 kW，电网资源配置能力持续提升。经济高效方面，建立煤电向基础保障性和系统调节性电源并重转型发展的容量电价机制，统一电力市场体系建设持续加强，系统综合能效水平稳步提升。供需协同方面，源网荷储一体化和多能互补蓬勃发展，电力需求侧响应能力稳步提升，虚拟电厂在京津冀区域、长三角区域、粤港澳大湾区加快布局，车网互动在东部负荷中心地区开展有益探索。灵活智能方面，系统调节能力持续加强，具备深度调节能力的煤电装机容量占比超过 50%，抽水蓄能、新型储能新增装机容量 2814 万 kW，电力发输配售用全环节数字化、信息化、智能化发展势头强劲，持续激发电力发展新动能。

（4）新型储能爆发式增长[1]。

2023 年迎来了新型储能的爆发式增长，新型储能技术创新、市场机制创新和商业模式创新取得新进展，新型储能日益成为加快构建新型电力系统的重要支撑技术以及促进能源新质生产力发展的重要抓手。新型储能装机容量超过 3000 万 kW，电源侧新能源配建新型储能和电网侧规模化独立储能成为新增新型储能装机的主体，用户侧工商业配置储能在广东、浙江、江苏加快布局。一批技术指标先进、应用场景丰富的新型储能示范项目落地。

新型储能装机迅猛增长，电化学储能电站逐步呈现集约化、规模化发展趋势。据国家能源局发布数据，截至 2023 年底，全国已建成投运新型储能项目累计装机规模达 3139 万 kW/6687 万 kW·h，平均储能时长 2.1h。2023 年新增装机规模约 2260 万 kW/4870 万 kW·h，较 2022 年底增长超过 260%。分省（区、市）看，11 个省（区）装机规模超过 100 万 kW。截至 2023 年底，新型储能累计装机规模排名前 5 位的省（区）分别为：山东 398 万 kW/802 万 kW·h、内蒙古 354 万 kW/710 万 kW·h、新疆 309 万 kW/952 万 kW·h、甘肃 293 万 kW/673 万 kW·h、湖南 266 万 kW/531 万 kW·h，装机规模均超过 200 万 kW，宁夏、贵州、广东、湖北、安徽、广西等 6 个省（区）装机规模超过 100 万 kW。分区域看，华北、西北地区新型储能发展较快，合计装机占比超过全国 50%，其中西北地区占 29%，华北地区占 27%。从年内建成投运的电化学储能电站单体规模看，百兆级项目加快部署，广东、山东、贵州、湖南、宁夏、内蒙古等多地建成一批集中式、大容量独立/共享型新型储能电站项目。

1.2.2 煤炭开采与洗选能效水平及措施

（1）煤炭开采与洗选业能源消费量波浪式下降，单位产量能耗持续下降。

煤炭开采与洗选业能源消费总量呈现波浪式下降的趋势，2022 年降至历史新低 8811 万 tce，比 2015 年下降了 15.3%（见图 1-16）。用能结构仍然以煤炭为绝对主体，占比在 80% 以上；其中，2022 年电力消费占比提升至 13.3%（见图 1-17）。单位产量能耗持续下降，2022 年已下降至 19.3kgce/t，相比 2012 年降低了 30.4%。

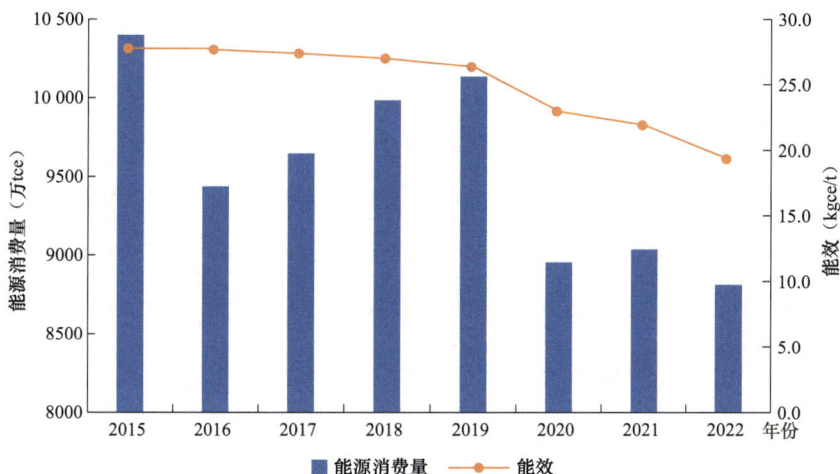

图 1-16 2015－2022 年煤炭开采与洗选业用能总量及单位产量能耗

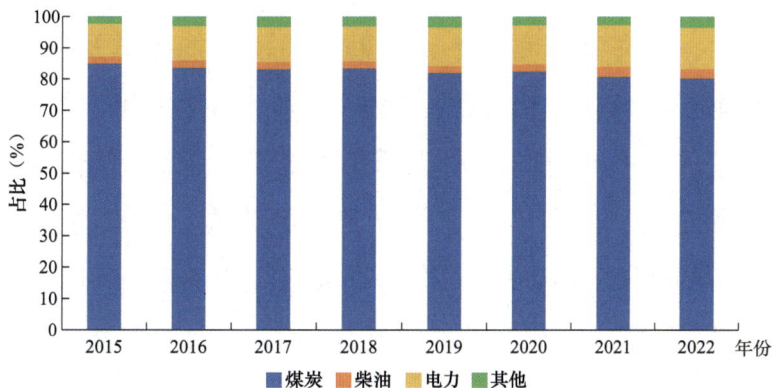

图 1-17 2015－2022 年煤炭开采与洗选业能源消费结构

（2）推动煤矿智能化向更大范围、更深层次、更高质量发展。

2024年5月国家能源局印发《关于进一步加快煤矿智能化建设促进煤炭高质量发展的通知》，通知对下一阶段煤矿智能化重点建设任务作出系统部署，指出要发挥示范煤矿引领带动作用，各地区、各企业结合煤矿生产特点和系统运行情况，因地制宜探索应用适合的智能化建设模式，重点加快煤矿新型基础设施建设，进一步推动煤矿智能化向更大范围、更深层次、更高质量发展，为保障煤炭安全稳定供应、构建新型能源体系提供有力支撑。

（3）发展煤炭资源柔性开发技术体系并积极示范推广。

煤炭资源柔性开发技术体系是一套综合的、涵盖多方面技术和策略的系统，旨在应对煤炭资源开发利用过程中的各种挑战，并实现可持续发展的目标。包括旋流场重介质精准分选、界面调控增强选择性浮选、煤炭智能干选、煤泥水高效固液分离、自适应原煤品质全流程智能控制及数字孪生运维等关键技术与装备，使煤炭洗选管理流程化洗选过程实现智能化、洗选运销柔性化。发展以煤矿智能化技术支撑煤炭资源柔性开发的能源供给体系，能够有效消除因气候、突发政治事件等带来的能源波动冲击影响，以煤为基保障能源供需的动态平衡，提高能源供给的稳定性、可靠性与经济性。

（4）持续突破深部煤炭数智化高效开采成套技术。

深部煤炭数智化高效开采成套技术能够大幅提升煤炭一次开采效率，有效释放先进产能，提高资源回收率，有助于矿山节能减排及环境治理。该技术有效解决了地下开采非结构性受限空间复杂、深部厚煤层综采易造成强矿压和围岩失稳无法支护等问题，推动了我国煤炭工业高端化、数字化、智能化转型和高质量发展，提高了国家能源安全保障能力，取得了重大的经济、社会效益和显著的生态环境效益，构建形成煤炭高效开发利用新模式。目前深部煤炭数智化高效开采成套技术已在国家多个大型煤炭基地中广泛推广使用。

1.2.3 石油和天然气开采业能效水平及措施

（1）石油和天然气开采业能源消费量持续波动，加工效率基本保持稳定。

石油和天然气开采业能源消费总量持续波动，2022年达到4461万tce，比2015年提高了4.5%（见图1-18）。用能结构仍然以原油和天然气为主，其中，2021年电力消费占比提升至15.3%（见图1-19）。炼油效率基本维持稳定，2022年为95.5%，相比2015年降低了1.4%。

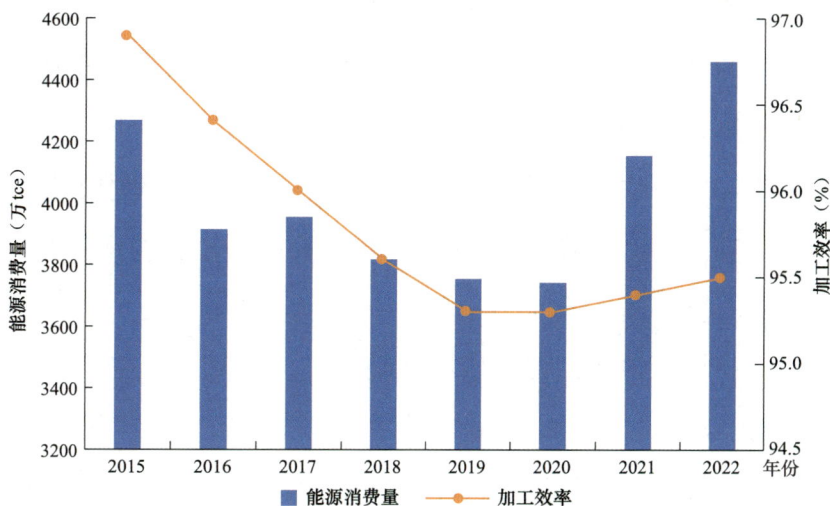

图1-18　2015－2022年石油和天然气开采业用能总量及加工效率

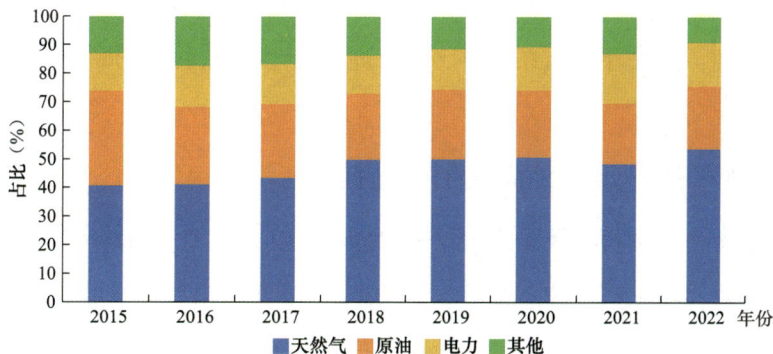

图1-19　2015－2022年石油和天然气开采业能源消费结构

（2）微生物采油技术，拓展油气开采新途径。

微生物采油技术是利用特定的微生物及其代谢产物来提高石油采收率。这些微生物可以在油藏中生长繁殖，通过产生生物表面活性剂、生物聚合物等物质，降低原油黏度、改善油水流度比，从而提高原油的流动性和采收率。该技术具有成本低、环境友好等优点，尤其适用于低渗透油藏和老油田的后期开发。但目前微生物的筛选和培养还需要进一步优化，以提高其在复杂油藏条件下的适应性和有效性。

（3）二氧化碳驱油技术，实现绿色开采与碳封存。

二氧化碳驱油技术是将二氧化碳注入油藏，一方面可以降低原油黏度、增加原油体积，提高采收率；另一方面可以将二氧化碳封存于地下，减少温室气体排放。该技术需要解决二氧化碳的来源、输送和封存过程中的技术难题，同时要确保封存的安全性和长期稳定性。但该技术具有显著的环保和经济效益，是未来油气开采的重要发展方向之一。

（4）定向钻井技术创新，精确控制井眼轨迹。

定向钻井技术通过先进的测量仪器和导向系统，能够精确控制井眼轨迹，使钻井准确到达目标油气层。可以在复杂地质条件下提高钻井成功率，减少非生产时间，提高油气开采效率。随着技术不断进步，目前测量和导向设备日益精准，在复杂油气藏开发中应用逐渐增多，但该技术对设备性能和操作人员技术水平要求较高，未来仍需进一步优化以提高可靠性和降低成本。

（5）智能排采技术，优化油气生产过程。

智能排采技术利用传感器实时监测油气井的压力、流量等参数，通过智能控制系统自动调整排采设备的运行状态，以实现最优的油气生产。可以提高油气产量和采收率，降低生产成本。目前智能排采技术处于发展阶段，智能控制系统不断完善，在一些油气田开始试点应用，效果初显，未来有望广泛推广。

（本节撰写人：吴鹏、贾跃龙　审核人：张成龙）

1.3 工业领域

工业能源消费量持续增长，行业增加值能耗稳步下降。2022 年工业能源消费量达到 26.0 亿 tce，比 2012 年提高了 20.0%。煤炭消费占比最高但逐年下降，2022 年约占工业终端总能源消费的 41%，比 2012 年降低了 14.9 个百分点；其次为电力消费占比，但有所回落，2022 年约占业终端总能源消费的 25.7%，比 2013 年提高了 4.6 个百分点（见图 1-20）。行业增加值能耗水平稳步下降但速度放缓，2022 年下降至 0.66tce/万元，比 2012 年降低了 33.2%（见图 1-21）。

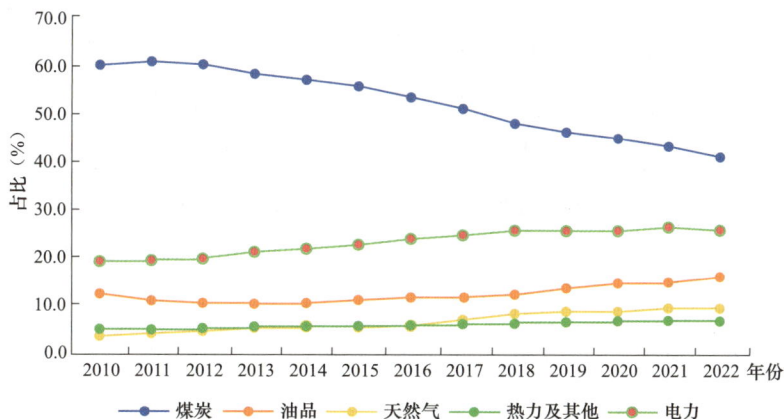

图 1-20　2010－2022 年我国工业终端能源消费结构

1.3.1　黑色金属工业能效水平及措施

2022 年，我国黑色金属能源消费总量为 7.3 亿 tce，吨钢综合能耗为 551kgce，较 2017 年和 2012 年分别下降 2.1% 和 7.4%（见图 1-22），焦化工序、高炉工序、转炉炼钢工序、电炉炼钢工序等主要生产工序能耗指标持续降低。

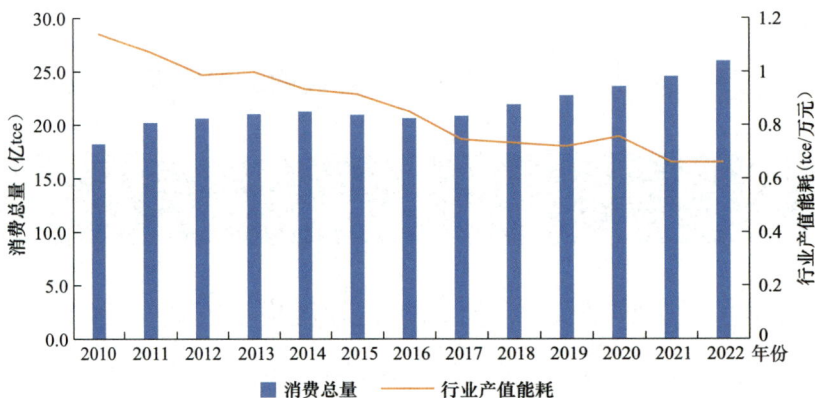

图 1-21　2010－2022 年工业终端用能总量及行业产值能耗变化

图 1-22　2012－2022 年黑色金属行业能源消费情况及吨钢综合能耗变化

★钢铁行业能效领跑者典型案例

　　近年来，**首钢京唐**积极践行绿色发展理念，聚焦绿色低碳工作主线，全面推进技术创新、管理创新、系统创新，奋力推进绿色高质量发展，打造企业绿色低碳新优势，不断提升市场竞争力。

　　强化技术创新，夯实绿色发展根基。立足行业前沿，全面推行绿色创新体系建设，加快自身节能降碳。2024 年第 1 季度，实现了 50%废钢比 7 炉连浇生产的突破，整体具备降碳 40%以上能力，为钢铁产品向低碳领域拓展提供了有效支撑。以自身原料、工艺条件为基础，持续开展"产学研用"合作研究，先后攻克烧结过程一系列技术难题，工序单位产品综合能耗大幅降低，优于标准先进值11.33%，达到行业领先水平。2024年，该公司烧结工序获评钢铁行业烧结工序能效"领跑者"称号。

融合管理创新，增强绿色内生动力。强化水系统"量"－"质"协同管理，净环系统以浓缩倍率为抓手，浊环系统以海水渗漏治理为重点，通过实施循环水系统精细化管理、重点工序用水浓缩倍率提升攻关、地下管网治理、水质管理等工作，最大限度实现节水目标。实行生产和检修的"双错峰"管理模式，调整间歇性生产设备的作业时间，大功率设备尽可能避峰运行，实现用电负荷的"移峰填谷"，做到峰段检修、谷段生产，与单纯追求生产错峰相比，用电更加精细化、系统化。2024年前5个月，节电2000多万千瓦时。

深化系统创新，打通提质增效筋脉。持续强化界面管理，系统统筹钢铁制造流程中"铁-钢-轧"关键界面，紧密结合生产计划目标，强化专业联动、优化工序资源、降低界面损失、发挥最大价值。坚持以系统观念推进创新成果集成应用，持续放大创新效能。在能源利用方面，以海水淡化为核心，串联发电系统，协同盐碱化工，构建了"燃-热-电-水-盐"五效一体高效循环利用系统，创立冶金能源高效转化、梯级利用的新模式，热效率从30%提高到81.5%，是传统单系统机组的两倍以上，每年减排二氧化碳约40万t。

（1）极致能效工程稳步推进。

钢铁行业持续深入推进极致能效工程，成为众多企业最重要的工作之一。中国钢铁工业协会以能效标杆为切入点，启动"双碳最佳实践能效标杆示范厂"培育工作，目前正在培育的标杆企业共58家。同时，行业开展了煤气高效利用、中低温余热回收等8场专题推进会议，2024年初发布实施《钢铁"双碳最佳实践能效标杆示范"验收办法（试行）》，正式开展能效标杆评估验收工作，极致能效工程对于促进企业加强能效对标、加大节能技改投入发挥了重要作用，取得了显著的节能成效。

（2）能源利用水平逐步提升。

钢铁行业二次能源回收利用效率得到大幅提升，2023 年行业余热余能自发电比例提高到 56% 左右，较 2017 年和 2012 年分别提高了 11 个百分点和 21 个百分点。余热余能发电机组特别是煤气锅炉发电技术近年来快速发展，参数由原来的中温中压发展到目前主流的亚临界参数机组，高炉煤气单耗由 $5m^3/（kW·h）$ 降至 $2.5m^3/（kW·h）$ 左右，先进机组的热效率达到 44%。已投产运行的焦化干熄焦装置达到 330 套以上，重点大中型钢铁企业干熄焦配备率达 93% 以上，焦炉上升管余热回收技术推广迅速；高炉 TRT（BPRT）配备率已达 99% 以上，烧结余热回收利用技术、饱和蒸汽发电技术等已经处于世界领先水平。

（3）能源综合管理水平不断提高。

钢铁行业加强能源管理体系建设，取得能源管理体系认证的企业比例达到 80% 左右，并扎实开展能效标杆创建、节能诊断、对标找差等工作，能源精细化管理水平不断提高。钢铁企业能源信息化管控水平大幅提升，已有百余家钢铁企业建设了现代化能源管控中心，实现能源介质集中管控，能源数据在线采集分析，能源管控和生产效率极大提升。

1.3.2 有色金属工业能效水平及措施

有色金属能源消费总量增加，电解铝能效持续提升。2022 年有色金属能源消费总量达到 1.40 亿 tce，比 2021 年、2012 年分别提高了 4.2%、69.9%。从用能结构上看，以电能为主，2022 年电能消费占比约 68.1%，较 2021 年、2012 年分别提升 0.3 个、11.3 个百分点。电解铝交流电耗呈下降趋势，2022 年为 13 448kW·h/t，较 2021 年、2012 年分别下降 0.5%、2.7%（见图 1-23）。

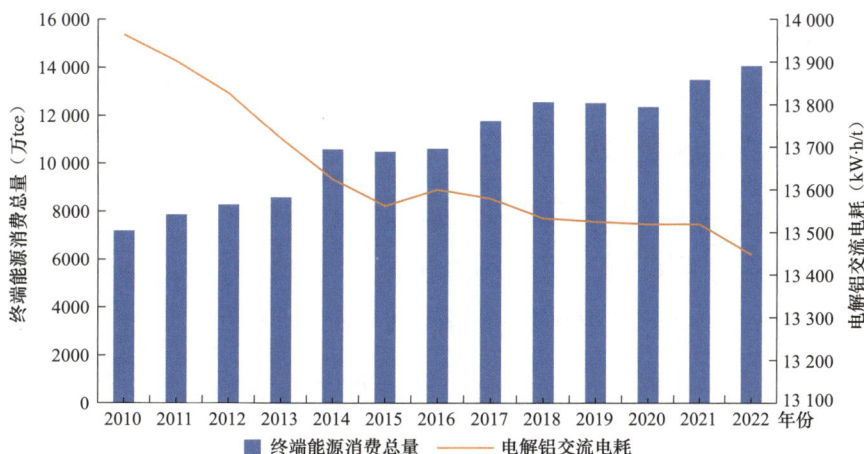

图 1-23　2010－2022 年我国有色金属行业能源消费总量及电解铝综合交流电耗

★**有色行业工业绿色微电网典型应用场景与案例❶**

　　国家电投集团云南国际电力投资有限公司阳宗海绿色铝产业园微电网
项目依托天枢一号智慧能源管控系统，建设光伏电解铝直流微电网，
在传统分布式能源建设的基础上，将分布式光伏直流接入电解铝母排，并
融合建设用户侧储能、交（直）流充电桩、光伏一体化车棚等，实现"源-
网-荷-储-用"能源多供应环节之间的生产协同、需求协同以及生产和消费
间的互动。项目年均发电量约 6196.8 万 kW·h，减少化石能源消费 7616tce，
减少二氧化碳排放 35 347t。同时，光伏直流电直供电解铝生产线，可有效
减少逆变、整流过程中降低电能损耗 5%，提高光伏发电效率，解决电解铝
行业高碳排放等问题。

　　（1）完善标准和指南体系，强化能效水平约束和引领。

　　2023 年 6 月 6 日，国家发展改革委等部门发布《工业重点领域能效标杆水
平和基准水平（2023 年版）》（发改产业〔2023〕723 号），在《高耗能行业重点

---

　　❶　案例情况来源于工业和信息化部网站。

领域能效标杆水平和基准水平（2021年版）》明确铜冶炼、铅冶炼、锌冶炼、电解铝等25个重点领域能效标杆水平和基准水平的基础上，增加工业硅等11个领域，并明确提出强化能效标杆引领作用和基准约束作用，鼓励和引导行业企业立足长远发展，高标准实施节能降碳改造升级，依据能效标杆水平和基准水平，分类实施改造升级。2024年5月，国务院印发《2024－2025年节能降碳行动方案》（国发〔2024〕12号），提出"到2025年底，电解铝行业能效标杆水平以上产能占比达到30%，可再生能源使用比例达到25%以上；铜、铅、锌冶炼能效标杆水平以上产能占比达到50%；有色金属行业能效基准水平以下产能完成技术改造或淘汰退出。2024－2025年，有色金属行业节能降碳改造形成节能量约500万 tce、减排二氧化碳约1300万 t"，明确了行业的发展目标。

（2）优化产品和产业布局，加快产业绿色发展。

优化产品结构和大力发展非化石能源是推动行业低碳转型的重要举措。一是通过实施产能等量置换政策，基本淘汰了能源消耗高、废物排放量大、综合生产成本高的电解铝冶炼产能；二是加快向水电、风电、光伏等清洁能源丰富的云南、四川、内蒙古等地区转移和聚集。截至2023年底，我国电解铝清洁能源比例增加至24.4%，比2015年提高了13个百分点，绿电铝产量1015万 t，已基本完成国家2025年电解铝清洁能源比例达到25%的目标要求，2030年30%以上的目标有望提前实现。

（3）发展循环经济，提升可再生金属占比。

有色金属具有良好的循环再生利用性能，与原生金属相比，再生铜、铝、铅、锌的综合能耗分别只是原生金属的18%、45%、27%和38%。与生产等量的原生金属相比，每吨再生铜、铝、铅、锌分别节能1054、3443、659、950kgce。近5年，我国再生有色金属产量占全国有色金属总产量比例保持在25%左右；2022年我国再生有色金属产量合计为1655万 t，同比增长5.3%。其中，再生铜产量375万 t，同比增长2.74%；再生铝产量865万 t，同比增长8.13%；再生铅产量285万 t，同比增长5.56%；再生锌产量130万 t，同比下降5.11%；与原生金属生产相比，2022年我国再生有色金属产业相当于节能3685万 tce。

（4）加快绿色低碳体系建设，推进行业低碳标准化工作。

为顺应绿色低碳发展需求，行业积极推动低碳技术、开展绿色产品评价、积极推进全国碳市场建设，开展电解铝碳排放核查核算、配额方案分配等研究。2023年3月3日，中国有色金属工业协会组织编撰了《有色金属行业低碳技术发展路线图》，明确了我国有色金属行业实现碳达峰的绿色低碳技术路径——工艺技术、流程优化、资源综合利用、通用设备、碳捕集等。同年发布行业协会标准《绿电铝评价及交易导则》（T/CNIA 0168－2022），主要规定了绿电铝评价申请主体要求、评价边界、工作流程、材料要求、评价方法、产品标识、证书等内容，标准的发布将不断增加绿色电力的消纳比例，在铝产业链中传递绿色电力的零碳价值。

1.3.3 建筑材料工业能效水平及措施

（1）建材行业能源消费创新高，水泥能效稳步提升。

2022年，建材行业能源消费总量约3.1亿 tce，较2021年增长4%，突破2013年的历史高点。从用能结构上看，建材行业能源消费仍以煤炭为主，2022年煤炭消费量占行业终端能源消费总量的57.4%，比2012年下降13.8个百分点，天然气、电力消费占比分别比2012年提升6.7、0.8个百分点。从主要产品看，水泥能效稳步提升，2022年水泥综合能耗为126kgce/t，较2012年下降10%（见图1-24）。

图 1-24　2012－2022年我国建材行业能源消费量及水泥综合能耗变化

★建材行业节能降碳典型案例

华新水泥（黄石）有限公司应用水泥低碳制造的智能化运营体系，在生产操作、原燃料处理与搭配、质量控制、设备运维等方面解决大规模使用复杂替代燃料所带来的热工、质量波动以及设备劣化加速问题，实现大比例复杂替代原燃料使用条件下的全流程智能化高效生产运行。改造前依靠人工操作，主要耗能种类为煤炭、电力、生活垃圾衍生燃料、工业废料及生物质燃料，年生产熟料 285 万 t，熟料单位产品综合能耗为 82.9kgce/t。改造完成后，熟料单位产品综合能耗降低至 73.03kgce/t，实现节能量 2.8 万 tce/年，二氧化碳减排量 7.4 万 t/年（见图 1-25）。

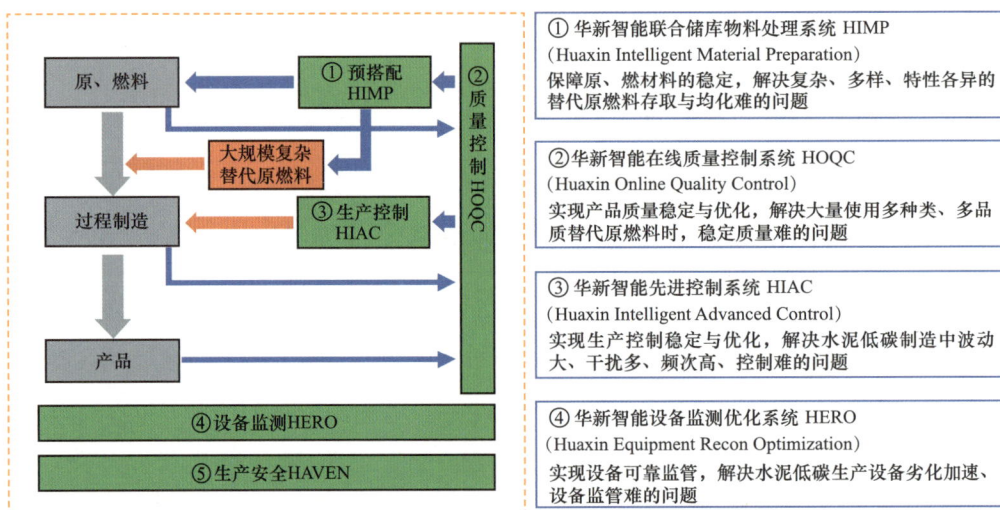

图 1-25　智能化运营体系图

（2）优化产业布局和产能调控。

严格落实水泥、平板玻璃产能置换，新建和改扩建水泥、陶瓷、平板玻璃项目须达到能效标杆水平和环保绩效 A 级水平。2024 年 5 月，国务院印发的《2024—2025 年节能降碳行动方案》提出，到 2025 年底，全国水泥熟料产能控制在 18 亿 t 左右，水泥、陶瓷行业能效标杆水平以上产能占比达到 30%，平板玻璃行业能效标杆水平以上产能占比达到 20%，建材行业能效基准水平以下产能完成技术改造或淘汰退出。

（3）推进建材行业节能降碳改造。

优化建材行业用能结构，推进用煤电气化。加快水泥原料替代，提升工业固体废弃物资源化利用水平。推广浮法玻璃一窑多线、陶瓷干法制粉、低阻旋风预热器、高效篦冷机等节能工艺和设备。2024 年 5 月，国务院印发的《2024－2025 年节能降碳行动方案》提出，到 2025 年底，大气污染防治重点区域 50%左右水泥熟料产能完成超低排放改造，2024－2025 年，建材行业节能降碳改造形成节能量约 1000 万 tce、减排二氧化碳约 2600 万 t。

（4）提升数字化管理水平。

鼓励企业建立数据采集和集散控制系统、专家优化智能控制系统，探索搭建"工业互联网+能效管理"应用场景，提升生产智能化水平。引导企业一体推进数字化能源管理和碳排放管理，协同推进用能数据与碳排放数据收集、分析和管理。深化大数据、人工智能、区块链等数字技术在水泥行业应用，推广窑炉和磨机实时优化过程控制、取料和装卸环节自动化、全流程智能质量控制等技术。2024 年 5 月，国家发展改革委等五部门印发的《水泥行业节能降碳专项行动计划》提出，到 2025 年底，水泥行业生产制造智能化、经营管理数字化水平明显提升，关键工序数控化率达到 70%，智能制造示范工厂力争达到 25 家。

1.3.4 石油和化学工业能效水平及措施

行业能源消费总量持续增长，主要产品能效不断提升。2022 年石油和化学行业能源消费总量约 7.45 亿 tce，比 2012 年提高 74.6%。从用能结构看，石油消费占比最高，2022 年约为 39.8%。从主要产品看，乙烯、烧碱单位产品综合能耗分别为 817、846kgce/t，分别较 2012 年下降 8.5%、14.1%（见图 1-26）。

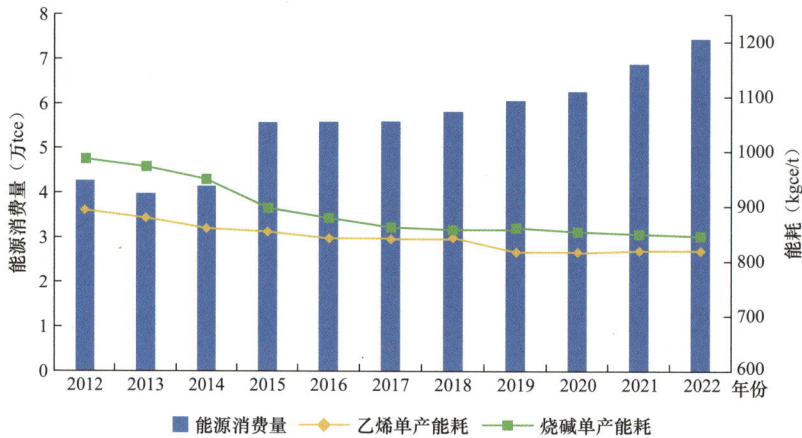

图 1-26 2012－2022 年我国石油和化学工业能源消费量及主要产品单产能耗

★工业和信息化部开展 2022 年工业节能诊断服务案例

诊断服务机构聚焦行业特有生产工艺装置和电力、蒸汽等典型用能需求，对 27 家石化化工企业提出 77 项节能措施建议，挖掘提出炭黑反应优化、高效节能蒸发式凝气等可推广先进工艺，以及余热回收副产蒸汽、蒸汽管网防漏保温、循环水系统节能改造等行业普遍适用的节能改造方向，预计可实现年节能量约 57 万 tce。如，中节能咨询有限公司系统分析中国石油天然气股份有限公司乌鲁木齐石化分公司近年实施的尿素装置低变副产中压蒸汽回收、热电厂锅炉连排污水回收、炼油厂芳烃加热炉改造等节能技改项目实施效果，针对企业装置伴热、油罐加热盘管使用蒸汽回收利用率较低，炼油、芳烃装置产生的大量低温位热能未有效回收等问题，建议对炼油厂第二套低温热装置进行扩建改造，回收柴油加氢改质装置的低温位热能用于加热电厂新水、软化水等；同时，在实现低温位热能回收利用的同时，优化装置间直供料的运行方案，降低装置互供料过程中的能源损失。预计实施后可实现年节能量约 2148tce，减少二氧化碳排放约 5585t，产生经济效益 323 万元。

（1）持续优化产业结构。

行业"低端过剩、高端短缺"的结构性矛盾仍然突出，持续优化调整产业结构，推动产业结构高端化、绿色化发展仍然是行业高质量发展的主要途径。2023年8月，工业和信息化部等七部门印发的《石化化工行业稳增长工作方案》指出，着力推动传统产业改造提升、新兴产业培育壮大、生产性服务业增效提质，强化安全生产，着力防范化解阶段性风险与结构性矛盾；瞄准科技革命、产业变革和消费升级方向，实施补短板、锻长板、强基础，增强专用化学品和化工新材料保障能力，提高高端产品和服务供给质量。

（2）加强节能降碳技术改造。

行业节能降碳的关键在于流程创新的技术改造，有必要着力于推进清洁生产技术改造和循环化改造，推动低碳生产工艺的普及应用。2023年6月，国家发展改革委等五部门发布《工业重点领域能效标杆水平和基准水平（2023年版）》，进一步扩大工业重点领域节能降碳改造升级范围。对此前明确的炼油等行业相关领域，原则上应在2025年底前完成技术改造或淘汰退出，乙二醇、尿素、钛白粉、聚氯乙烯、精对苯二甲酸、子午线轮胎等新增领域，原则上应在2026年底前完成技术改造或淘汰退出。《石化化工行业稳增长工作方案》也指出要加大技术改造力度，在重点产品、装置制造、智能生产等方面着力。

（3）深化能效管理举措。

绿色工厂是行业企业开展能效管理和打造绿色制造的重要一环，对行业企业的增效、降耗和减污的影响较明显。早在2016年，工业和信息化部发布《关于开展绿色制造体系建设的通知》，提到构建绿色制造标准体系，加快绿色产品、绿色工厂、绿色企业、绿色园区、绿色供应链等重点领域标准制修订。2018年，中国石油和化学工业联合会即发布《石油和化工行业绿色工厂、绿色产品、绿色园区认定管理办法（试行）》并开始认定工作，至2023年累计认定绿色工厂184家，绿色工厂认定数量保持较稳定增长步伐。2024年5月，工业和信息化部发布了包括石化在内的11个领域国家层面绿色工厂创建的标准清单。

（本节撰写人：段金辉、刘小聪、吴陈锐、许传龙　审核人：吴鹏）

1.4 建 筑 领 域

建筑领域能源消费总量持续增长并且增速逐渐放缓（见图 1-27）。2022 年建筑运行能耗达到 11.2 亿 tce，比上年增加 0.1 亿 tce，分部门商品能耗来看，最大为公共建筑（4.08 亿 tce），其次为城镇住宅（2.91 亿 tce）、北方城镇供暖（2.17 亿 tce），农村住宅建筑能耗最小（2.01 亿 tce）。

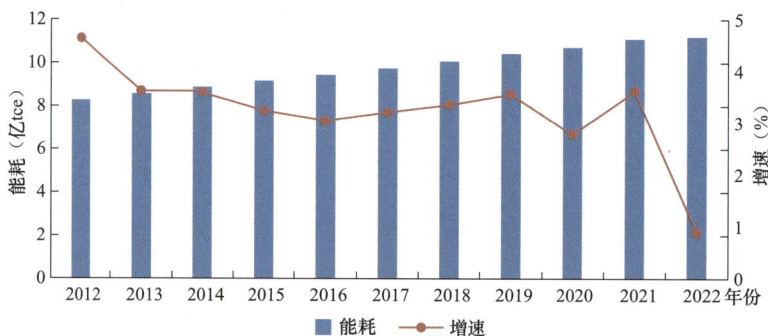

图 1-27　2012－2022 年建筑运行能耗增长趋势示意图

用能结构持续优化。化石能源占比不断下降，电气化水平逐步提升，2022 年电力消费占比提升至 53.3%。化石能源占比持续下降，煤炭、天然气、石油占比分别为 14.4%、17.9%、3.6%（见图 1-28）。

建筑面积平稳增长。从 2012 年至 2022 年，城乡建筑总量从约 568 亿 m² 增加到约 696 亿 m²。其中，城镇住宅、公共建筑、农村建筑面积分别为 318 亿、154 亿、224 亿 m²，城镇住宅面积占比近一半（见图 1-29）。

1.4.1　北方城镇供暖建筑能效水平

北方供暖建筑能源消费小幅增长，能耗强度逐渐下降。北方供暖建筑能源消费总量呈先小幅增长后下降的趋势，2022 年降至 2.17 亿 tce，较 2012 年增长 3.3%。能源消费强度逐年下降，从 2012 年的 19kgce/m² 下降到 2022 年的 13kgce/m²，降幅为 31%（见图 1-30）。能效提升主要得益于北方地区清洁取暖工程的实施，如煤改电、煤改气、多能互补等建筑用能节能改造，以及推动能源清洁高效利用，2023 年清洁取暖率已超过 76%。

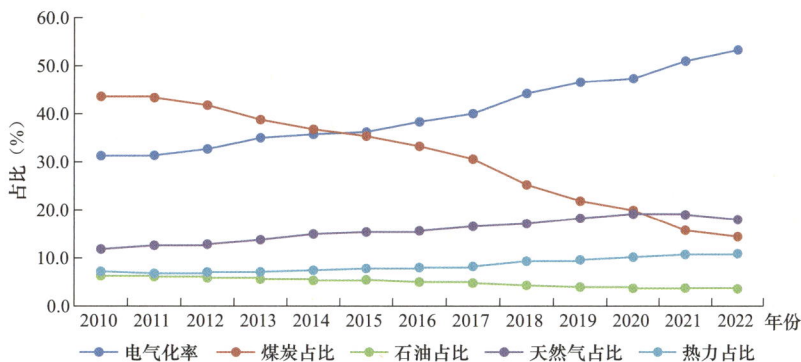

图 1-28　2010－2022 年我国建筑终端用能结构示意图

图 1-29　2012－2022 年建筑面积增长趋势

图 1-30　2011－2022 年我国北方供暖能耗趋势

★ 清洁供暖案例

　　坚持从实际出发，居民供暖宜电则电、宜煤则煤、宜气则气、宜油则油，保障人民群众温暖过冬。国家电网公司进一步丰富清洁取暖改造方式，通过"光热+电"、空气源热泵、等技术路线，结合群众取暖需求、承受能力，实现清洁取暖，在 2022－2023 年取暖季，确保了 1600 万"煤改电"用户温暖度冬。

　　吉林智慧节能科技有限公司创新供热商业模式，开发新型智慧供热系统。2022 年 9 月开始，该公司在山东省聊城市东阿县开展实施热计量项目，打造智慧供热"东阿模式"。通过搭建智云热网管理系统、创新收费模式、驱动用户自助调节，2023－2024 供暖季 90%以上热计量用户节省了热费，全县热计量用户节省热费总额达 950 万元，平均每户节省 590 余元，减少供热能耗 16.09 万 GJ，减少 1.78 万 t 二氧化碳排放（见图 1-31）。

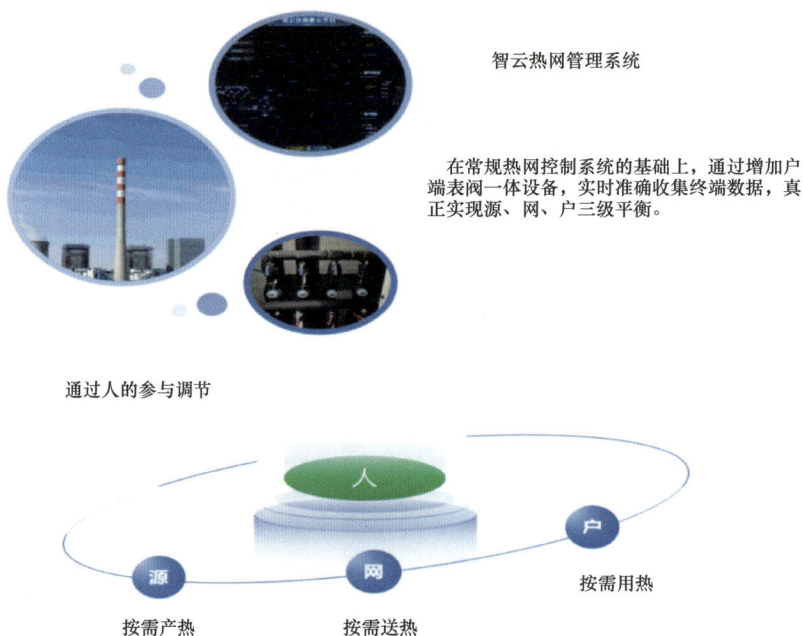

智云热网管理系统

在常规热网控制系统的基础上，通过增加户端表阀一体设备，实时准确收集终端数据，真正实现源、网、户三级平衡。

通过人的参与调节

图 1-31　东阿县智慧供暖模式

1.4.2　城镇住宅能效水平

城镇住宅能源消费总量和能耗强度均逐年上升（见图 1-32）。城镇住宅能源消费总量持续增长，2022 年达到 2.91 亿 tce，比 2012 年提高了 71.2%。能源消费强度波动性增长，从 2012 年的 700kgce/户增长到 2022 年的 787kgce/户，增幅为 12.4%。城镇建筑通过节能改造及推广绿色建筑等措施提高能效，新建绿色建筑面积占比由 2015 年的 77% 提升至 2022 年的 91.2%，全国累计建成绿色建筑面积超过 100 亿 m^2，节能建筑占城镇民用建筑面积比例超过 65%，城镇完成既有居住建筑节能改造面积超过 15 亿 m^2。截至 2023 年年底，全国城镇累计建成绿色建筑面积约 118.5 亿 m^2，获得绿色建筑标识项目累计达 2.7 万余个，2023 年全年，城镇新建绿色建筑面积约 20.7 亿 m^2，占城镇新建建筑面积的 94%。

图 1-32　2011－2022 年我国城镇住宅能耗

★ **南京中宁府项目案例**

南京中宁府项目遵循"五化"原则，即用能柔性化、过程低碳化、设计绿色化、环境健康化、运维智慧化，以"能源+""数智+""融合+"研发创新，从"绿色、装配式"两个维度出发，推进绿色建筑、低碳排放等关键技术攻关，打造"六恒"科技住宅（恒温、恒湿、恒氧、恒静、恒洁、恒智）。项目达到绿色建筑三星和预制装配率 50% 的双重标准，碳排放强度在

《建筑节能与再生能源利用通用规范》（GB 55015－2021）的基础上降低 10% 以上。项目同时应用地源热泵、光伏发电系统等可再生能源，实现低碳环保的高品质生活方式（见图 1-33）。

图 1-33　南京中宁府项目

1.4.3　农村住宅能效水平

农村住宅能源消费能耗总量和能耗强度下降（见图 1-34）。2022 年农村住宅一次能源消费 2.0 亿 tce 左右，商品能耗强度 1070kgce/户左右，分别较上年下降 38.7%、11.4%。由于农村的用能方式正在转变，农村从能源消费者变成能源的生产者和消费者，农村丰富的太阳能等可再生能源渗透率提升，同时农村电气化设备越来越多[2]。

图 1-34　2011－2022 年我国农村住宅能耗

★超低能耗及零碳村庄项目案例

河北保定阜平县开展了"农村超低能耗农房建筑试点工程"。这里的农房白天利用阳光给室内提供免费的供暖需求，并将多余的热量储存在集中蓄热水箱中供无阳光时供暖；当太阳能光热不能满足供暖需求时启动辅助能源空气能热泵供暖，效果十分显著。

四川省攀枝花启动"零碳村庄"试点，对民房统一进行风貌改造、安装太阳能电池板、新建太阳能停车场等；浙江省以高质量推广生态友好型"光伏+"为重点，加快推进农光互补、渔光互补、水光互补、屋顶光伏等光伏发电规模化项目建设，实现光电规模化开发利用。

1.4.4 公共建筑能效水平

公共建筑能源消费总量和能耗强度均持续增长（见图 1-35）。公共建筑能源消费总量持续增长，2022 年达到 3.9 亿 tce，比 2012 年提高了 98.5%，占建筑总能耗的 36.4%，其中，电力消费为 1.27 万亿 kW·h。能源消费强度逐年小幅增长，从 2012 年的 22kgce/m² 增长到 2022 年的 26.5kgce/m²，增幅为 20.5%。根据国家机关事务管理局发布的数据显示，2022 年我国公共机构单位面积能耗为 18.03kgce/m²，人均综合能耗为 321.27kgce/m²。"十四五"前三年公共机构单位建筑面积能耗下降约 3%。公共建筑能效提升主要通过改进采用新型墙体材料、提高建筑用能设

图 1-35　2011—2022 年我国公共建筑能耗

备效率、加强建筑物用能设备的运行效率，合理设计建筑围护结构的热工性能等方式提高公共建筑能源利用效率或降低能源消耗量。

★ **中国能源建设集团有限公司（中国能建）上海总部**

中国能建上海总部综合一体化项目位于上海市徐汇区滨江核心地块，主楼建筑高度 195m，总建筑面积约 18.1 万 m²，建设内容包括新建商业、文化、办公、住宅及其配套用房，未来将打造为集总部办公、商业、酒店、居住于一体的城市综合体。以被动式建筑设计、高效机电系统、可再生能源应用、智慧能源与碳管理、柔性负荷与需求侧响应五大技术为支撑的解决方案，实现项目全生命周期的低能耗、低污染、低排放的近零碳运行，最大限度地减少温室气体排放。

1.4.5　建筑领域能效措施

（1）产品设备更新改造。

2023 年 2 月国家发展改革委、工业和信息化部、住房和城乡建设部等九部门联合印发《关于统筹节能降碳和回收利用加快重点领域产品设备更新改造的指导意见》，提出到 2025 年，通过统筹推进重点领域产品设备更新改造和回收利用，进一步提升高效节能产品设备市场占有率。其中明确，要推动绿色建筑、超低能耗建筑、近零能耗建筑和重大交通基础设施等使用能效先进水平产品设备。

（2）推广装配式建筑。

装配式建筑是指把传统建造方式中的大量现场作业工作转移到工厂进行，在工厂加工制作好建筑用构件和配件，运输到建筑施工现场，通过可靠的连接方式在现场装配安装而成的建筑。装配式建筑主要包括预制装配式混凝土结构、钢结构、现代木结构建筑等。装配式建筑可提升建筑物的保温隔热效能，维护成本低，提高能源的利用效率。

地方上纷纷出台装配式建筑相关文件。如济南市人民政府《关于全面推进绿色建筑高质量发展的实施意见》（济政发〔2021〕3号）要求，2022年起，新建建筑中装配式建筑占比不低于50%。

（3）持续推进既有建筑节能改造。

近年来，国家大力推行城市更新和老旧小区改造工作。在城市更新和老旧小区改造工作的基础上同步推进既有建筑绿色节能改造；推动高校、医院、科研院所等重点公共建筑和公共机构开展绿色节能改造；推进公共建筑能耗统计、能源审计工作，建立健全能耗信息公示机制；加强建筑能耗动态监测平台建设管理，以能耗后评估推动建筑能源系统节能优化运行；以合同能源管理、绿色金融等手段支持和鼓励既有建筑节能改造。

《"十四五"建筑节能与绿色建筑发展规划》明确，在加强既有建筑节能绿色改造方面，要开展既有居住建筑节能改造。力争到2025年，全国完成既有居住建筑节能改造面积超过1亿 m^2。同时，推进公共建筑能效提升重点城市建设。"十四五"前三年，已经完成城镇既有建筑节能改造超3亿 m^2。目前累计完成既有公共建筑节能改造2.5亿 m^2 以上。

（4）可再生能源进一步扩大应用面。

我国是世界第一大太阳能热利用产品、光伏产品、热泵等设备生产国，在市场规模、产品性能等方面都具有领先优势。我国建筑光伏系统快速发展，已建成多项示范工程。

建筑存在大量的供冷、供热、卫生热水及用电需求，太阳能、风能、地热能、生物质等可再生能源，逐步应用于建筑中。建筑领域主要应用的技术有太阳能光伏与建筑一体化（光伏屋面、光伏幕墙、光伏瓦、光伏遮阳板等）、风力发电与建筑/场地一体化（建筑屋顶小型风力发电机、场地风光互补路灯等）、农村建筑的生物质发电（如沼气发电）、水源热泵、地源热泵等。

《"十四五"建筑节能与绿色建筑发展规划》明确，在推动可再生能源应用方面，要开展建筑光伏行动。"十四五"期间，累计新增建筑太阳能光伏装机容量0.5亿kW，逐步完善太阳能光伏建筑应用政策体系、标准体系、技术体系。

（5）持续推动绿色建筑发展。

全面推进执行绿色建筑标准，并大力推广高星级、高品质的绿色建筑。绿色建筑是指在建筑的全寿命周期内，最大限度节约资源，节能、节地、节水、节材、保护环境和减少污染，提供健康适用、高效使用，与自然和谐共生的建筑。《"十四五"建筑节能与绿色建筑发展规划》明确，在提升绿色建筑发展质量方面，要加强高品质绿色建筑建设，完善绿色建筑运行管理制度；开展绿色建筑创建行动，到 2025 年，城镇新建建筑全面执行绿色建筑标准，建成一批高质量绿色建筑项目，开展星级绿色建筑推广计划；采取"强制+自愿"推广模式，适当提高政府投资公益性建筑、大型公共建筑以及重点功能区内新建建筑中星级绿色建筑建设比例；引导地方制定绿色金融、容积率奖励、优先评奖等政策，支持星级绿色建筑发展。2023 年 9 月国家发展改革委等部门发布《关于进一步加强水资源节约集约利用的意见》明确要鼓励绿色建筑选用更高效的产品，鼓励有条件的地方实施推广补贴政策。2023 年 12 月国家发展改革委、商务部、市场监管总局《关于支持广州南沙放宽市场准入与加强监管体制改革的意见》提出健全绿色建筑激励政策措施，探索完善绿色建筑预评价工作，鼓励金融机构按照市场化、法治化原则支持绿色建筑发展。"十四五"前三年，新建建筑中绿色建筑面积占比超 90%，节能建筑占城镇既有建筑面积比例超 64%。

（6）推广超低能耗和零碳建筑。

《"十四五"建筑节能与绿色建筑发展规划》明确，在提高新建建筑节能水平方面，重点推广超低能耗建筑推广工程。到 2025 年，建设超低能耗、近零能耗建筑示范项目 0.5 亿 m^2 以上。

零能耗住宅就是指不消耗煤、电、燃气等商品能源的住宅，其使用的能源为可再生能源，如太阳能、风能、地热能，以及室内人体、家电、炊事产生的热量，排出的热空气和废水回收的热量。这种住宅的围护结构使用保温隔热性能特别高的技术和材料，如外墙和屋顶包裹着厚厚的高效保温隔热材料，外窗框绝热性能良好，玻璃则使用密封性能很好的多层中空玻璃，且往往装有活动遮阳措施，还有可根据人体需要自动调节的通风系统以及节能型照明灯具，有的还使用地源热泵或水源热泵。该类建筑冬暖夏凉，节能又舒适，在阴雨天或无风天太阳能、风能使用受限制时，可以暂时使用很少量的商品能源。低能耗住宅的原理与零能耗住宅相近，只是需要使用少量的常规能源。

（7）数智化技术的应用推广。

建立建筑能源管理系统，通过集成各种智能设备和传感器，实现建筑能耗的实时监测、分析和优化控制。系统能够根据室内外环境变化和用户需求自动调节设备运行状态，达到节能降耗的目的。利用大数据技术对建筑能耗数据进行深入挖掘和分析，发现能耗规律和节能潜力点。通过数据分析结果指导建筑节能改造和运行管理决策，提高节能效果。

浙江杭州市一家五星级酒店，将高效空气源热泵接入智慧能碳管理平台，能够实现运行参数远程设定，并且根据用能需求智能启停。平台会根据室外温度变化、用能习惯等，自动调节机组负荷变化，从而保障相对恒定的供水温度和热量供给，既满足房间、泳池等正常使用。酒店进行用能改造后，采暖及热水系统整体能效提升约30%，相关运维成本可减少约10%。

（8）建筑相关标准提升。

建筑设计方面，国家建设部出台了一系列建筑节能方面的标准，主要有《民用建筑节能设计标准》（采暖居住建筑部分）、《夏热冬冷地区居住建筑节能设计标准》《夏热冬暖地区居住建筑节能设计标准》《公共建筑节能设计标准》等。产品设备标准方面，2023 年 3 月国家发展改革委、市场监管总局《关于进一步加强节能标准更新升级和应用实施的通知》要求在城乡建设领域，制定修订建筑节能、绿色建筑、绿色建造、农村居住建筑节能等标准，完善建筑与市政基础设施节能相关产品标准；市场监管总局（标准委）批准发布了《家用和类似用途保健按摩垫》《浴室电加热器具（浴霸）》《家用和类似用途热泵热水器用全封闭型电动机-压缩机》《家用和类似用途中央电暖系统　第 1 部分：通用要求》

4 项家电领域推荐性国家标准。

（本节撰写人：唐伟、张玉琢　审核人：王成洁）

1.5 交通领域

近年来，我国交通运输能源消费量整体呈现持续增长，行业增加值能耗持续下降。2022 年能源消费量为 4.3 亿 tce，比 2021 年下降 7.8%，行业增加值能耗水平稳步下降至 0.84tce/万元，比 2010 年降低 38%（见图 1-36）。从消费结构看，汽油、煤油、燃料油、液化石油气、天然气消费量比 2021 年分别下降 7.6%、44.3%、6.6%、7.9%、7.2%；柴油、电力消费量比 2021 年分别上升 0.8% 和 4.8%（见图 1-37）。

图 1-36　2010－2022 年交通运输行业终端用能总量及行业产值单耗变化

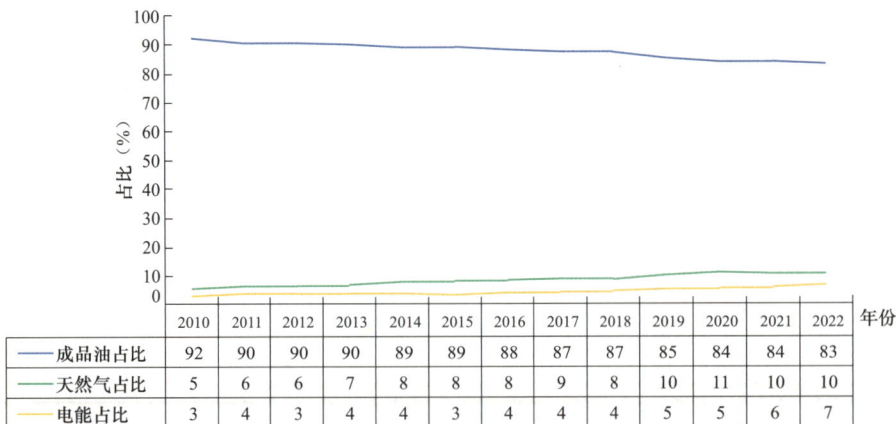

	2010	2011	2012	2013	2014	2015	2016	2017	2018	2019	2020	2021	2022
成品油占比	92	90	90	90	89	89	88	87	87	85	84	84	83
天然气占比	5	6	6	7	8	8	8	9	8	10	11	10	10
电能占比	3	4	3	4	4	3	4	4	4	5	5	6	7

图 1-37　2010－2022 年我国交通运输行业终端能源消费结构

1.5.1　公路运输能效水平

公路运输能源消费量平稳增长，单位运输周转量能耗降速趋稳。我国公路运输交通工具主要以民用车、私家车、营运车辆等道路汽车为主，主要消耗能源为汽油和柴油，以及少量的天然气、液化石油气和电能。2022 年，公路汽油、柴油消费量合计为 2.5 亿 tce，比 2021 年下降 5.8%，比 2010 年增长 49.8%，占交通运输能源消费总量的比重约为 58%（见图 1-38）。单位运输周转量能耗远高于其他运输方式，整体呈下降态势，2022 年有所上升。2022 年，为 481kgce/（万 t·km），较上年上升 6%，较 2010 年下降 13.4%，为铁路和水路运输的 12 倍（见图 1-39）。

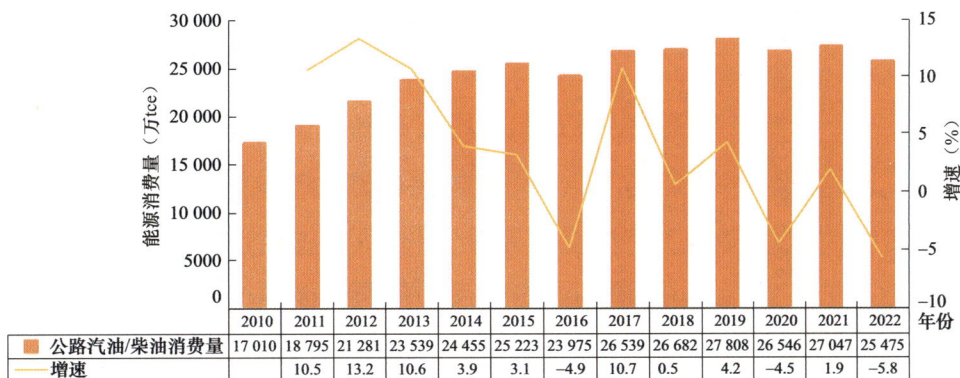

年份	2010	2011	2012	2013	2014	2015	2016	2017	2018	2019	2020	2021	2022
公路汽油/柴油消费量	17 010	18 795	21 281	23 539	24 455	25 223	23 975	26 539	26 682	27 808	26 546	27 047	25 475
增速		10.5	13.2	10.6	3.9	3.1	−4.9	10.7	0.5	4.2	−4.5	1.9	−5.8

图 1-38　2010－2022 年公路汽油、柴油消费量及增速变化

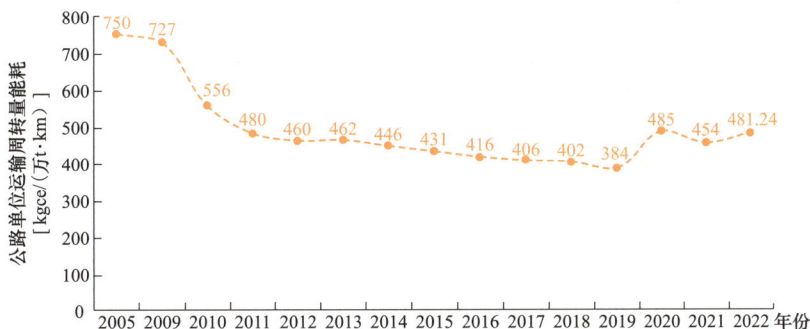

图 1-39　2005－2022 年公路单位运输周转量能耗变化

41

1.5.2　铁路运输能效水平

铁路能源消费量逐步趋稳，单位运输周转量能耗平稳下降。我国铁路运输交通工具目前主要包括内燃机车和电力机车，主要消耗能源为柴油和电力。能源消费量经过快速增长后逐步趋缓，2022 年，铁路能源消费量为 1513 万 tce，比 2010 年减少 6.4%。单位运输周转量能耗整体平稳下降。2022 年为 39.1kgce/（万 t·km），较 2010 年下降 30.1%（见图 1-40）。重点产品单耗小幅下降，2021 年，电力机车占比逐年攀升且已占据主导地位。从电力机车综合电耗来看，2022 年，电力机车综合电耗为 100.8kW·h/（万 t·km），较 2010 年下降 1.3%，与上年基本持平（见图 1-41）。

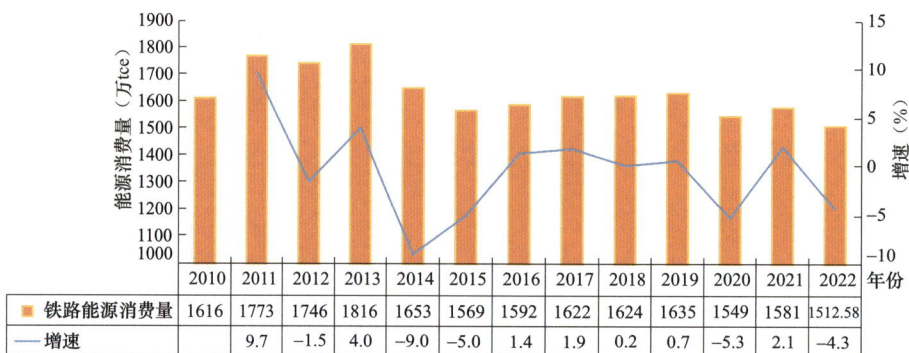

	2010	2011	2012	2013	2014	2015	2016	2017	2018	2019	2020	2021	2022
铁路能源消费量	1616	1773	1746	1816	1653	1569	1592	1622	1624	1635	1549	1581	1512.58
增速		9.7	−1.5	4.0	−9.0	−5.0	1.4	1.9	0.2	0.7	−5.3	2.1	−4.3

图 1-40　2010－2022 年铁路能源消费量及增速变化

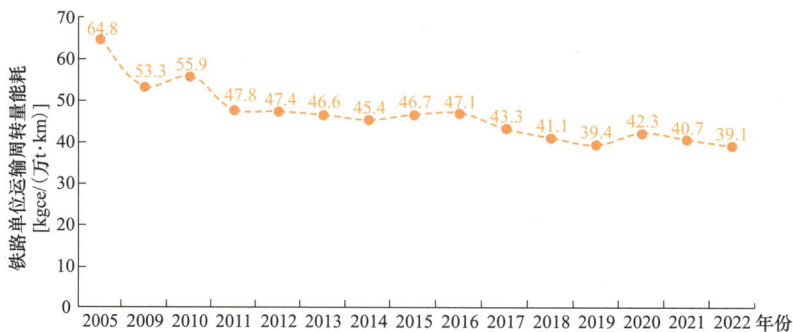

图 1-41　2005－2022 年铁路单位运输周转量能耗变化

1.5.3　水路运输能效水平

水路运输能源消费量整体保持增长，单位运输周转量能耗趋稳。我国水路运输包括内河（含运河和湖泊）、沿海和远洋运输，水路运输以货运为主，客运较少。交通工具主要以船舶为主，主要消耗能源为柴油。2022 年，水运燃料油、柴油消费量合计为 3586 万 tce，比去年减少 10%，比 2010 年增长 27.5%（见图 1-42）。单位运输周转量能耗整体平稳下降。2022 年，为 38.3kgce/（万 t·km），较 2021年下降 4%，较 2010 年下降 24.6%（见图 1-43）。

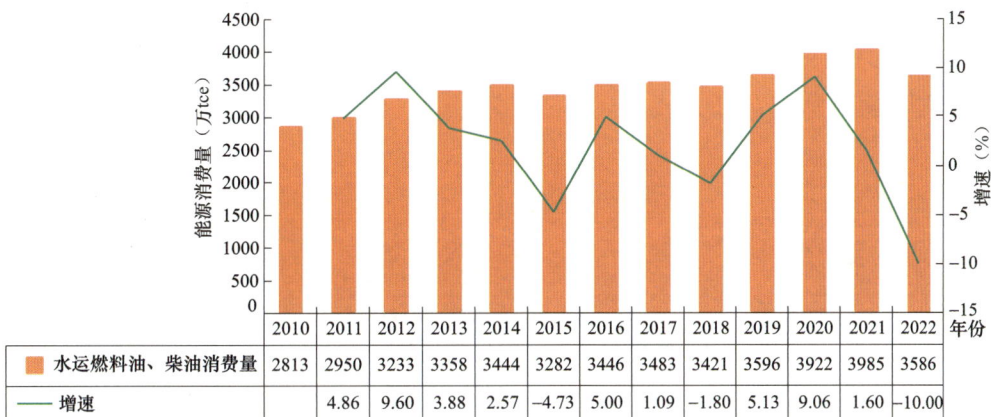

年份	2010	2011	2012	2013	2014	2015	2016	2017	2018	2019	2020	2021	2022
水运燃料油、柴油消费量	2813	2950	3233	3358	3444	3282	3446	3483	3421	3596	3922	3985	3586
增速		4.86	9.60	3.88	2.57	-4.73	5.00	1.09	-1.80	5.13	9.06	1.60	-10.00

图 1-42　2010－2022 年水运能源消费量及增速变化

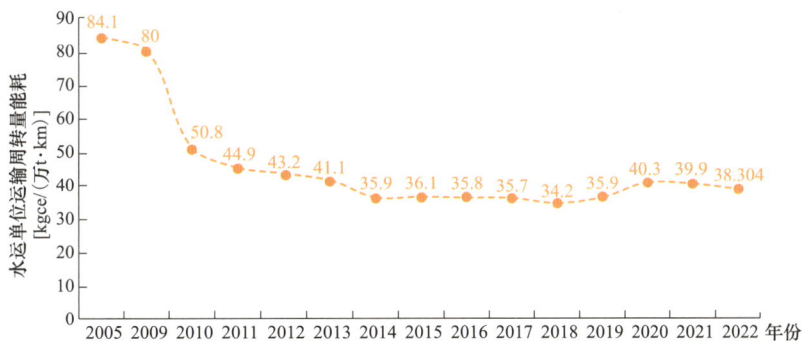

图 1-43　2005－2022 年水运单位运输周转量能耗变化

1.5.4　航空运输能效水平

航空运输能源消费量先升后降，单位周转量能耗近年下降明显。我国航空运输交通工具为飞机，民航运输以客运为主，货运较少。主要消耗能源为航空煤油。能源消费量先升后降，2022 年，我国民航煤油消费量为 2544 万 tce，比 2021 年下降 30.2%，比 2010 年增长 31.2%（见图 1-44）。单位运输周转量经历先升后降后，2018 年开始下降至新的稳定期，2022 年为 4443kgce/（万 t·km），较 2010 年下降 28.2%（见图 1-45）。从其他节能指标来看，2022 年，共有 50.1 万架次航班使用临时航路，缩短飞行距离 1635 万 km，节省燃油消耗约 8.8 万 t；2018－2022 年，实施蓝天保卫战项目累计 162 个，累计节省航油约 88.3 万 t，减少二氧化碳排放 278.2 万 t。

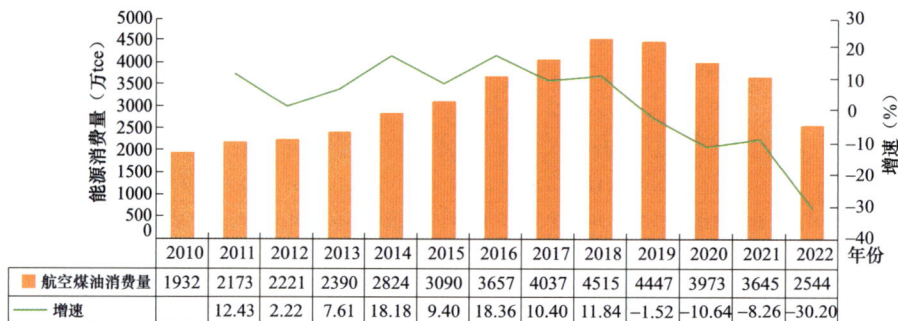

图 1-44　2010－2022 年航空能源消费量及增速变化

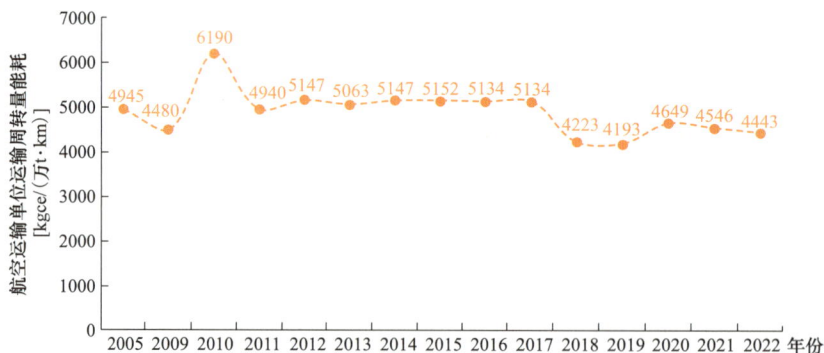

图 1-45　2005－2022 年航空运输单位运输周转量能耗变化

1.5.5 交通领域能效措施

（1）优化运输结构。

加快推进大宗货物和中长距离运输的"公转铁""公转水"，探索推行滚装运输、驼背运输、甩挂运输、多式联运"一单制"等先进运输运作模式。大宗货物及集装箱运输"公转铁、公转水"有序推进，运输结构不断调整优化。2022年末，铁路和水路货运量合计占铁路、公路、水路和民航四种主要运输方式货运量的24.9%，较2012年末提升了3.9个百分点。2022年完成港口集装箱铁水联运量875万标箱，2018－2022年年均增长18%以上。其中，青岛港、宁波舟山港、天津港的铁水联运量均在100万标箱以上。

（2）提升电气化铁路比重。

电气化铁路作为现代化的运输方式，可以把对燃油的直接消费转变为对煤和水资源的间接消费，直接排放接近于零，具有技术和经济优越性。因此，电气化铁路是构建节能铁路运输结构的重要措施，近年来在我国得到了快速发展。截至2023年底，全国电气化铁路营业里程达到12.0万km，比上年增长5.3%，电化率75.2%，比上年提高1.4%，进一步优化了铁路结构，减少能源消耗。

（3）推动交通运输设备更新和以旧换新。

持续推进城市公交车电动化替代，支持老旧新能源公交车和动力电池更新换代，加快淘汰国三及以下排放标准营运类柴油货车，加强电动、氢能等绿色航空装备产业化能力建设；加快高耗能高排放老旧船舶报废更新，大力支持新能源动力船舶发展，完善新能源动力船舶配套基础设施和标准规范，逐步扩大电动、液化天然气动力、生物柴油动力、绿色甲醇动力等新能源船舶应用范围。开展汽车以旧换新，加大政策支持力度，畅通流通堵点，促进汽车梯次消费、更新消费。计划到2027年，交通等领域设备投资规模较2023年增长25%以上。

（4）推动新能源汽车发展。

新能源汽车成为我国交通低碳发展的突出亮点，2022年，我国新能源汽车销量达到 688.7 万辆，市占率达 25.6%，连续八年居全球第一位。2022 年，新能源汽车保有量达到 1310 万辆，超过全球总量的一半。其中，纯电动公共汽电车 45.6 万辆，占公共汽电车比重为 64.8%。适度超前布局充电桩建设。解决我国近中期新能源汽车快速增长引发的充电基础设施总量不够、密度不高、覆盖面不足等问题，以高速公路、农村地区等基础设施显著短板为重点，进行充电设施网络提档升级。未来以国家综合立体交通网"6 轴 7 廊 8 通道"主骨架为重点，补齐新能源汽车发展基础设施短板。优化充电网络布局结构和快慢结构，建设结构完善的城市充电网络。

（5）加强数字化智能化与交通的深度融合。

推动交通装备领域的智能高效，搭建综合交通数据大脑，实现出行更加智能便捷、物流更加高效快速。加强新型数字化智能船用设备研发，开展基于 5G 网络的"岸基驾控、船端值守"船舶航行新模式研究，实现数字化提升船舶能源效率。

（本节撰写人：王成洁、张玉琢　审核人：张成龙）

1.6 农 业 领 域

农业能源消费总量缓慢增长，行业增加值能耗稳步下降。我国农业终端能源消费总量近年来持续增长但增速逐步放缓，2022 年达到 1.01 亿 tce。行业增加值能耗稳步下降，2022 年为 114kgce/万元（见图 1-46）。从用能结构看，终端能源消费结构逐步优化，煤炭、油品占比稳中有降，电力、天然气水平逐步提升。农业生产中用油依然占据重要地位，这和农业生产设备、生产习惯等密切相关（见图 1-47）。

产业政策与技术促进了农业领域能效提升。印发《建立以绿色生态为导向的农业补贴制度改革方案》《全国农业可持续发展规划（2015－2030 年）》《种养结合循环农业示范工程建设规划》《推进生态农场建设的指导意见》等，强化对生态循环农业的政策指引。

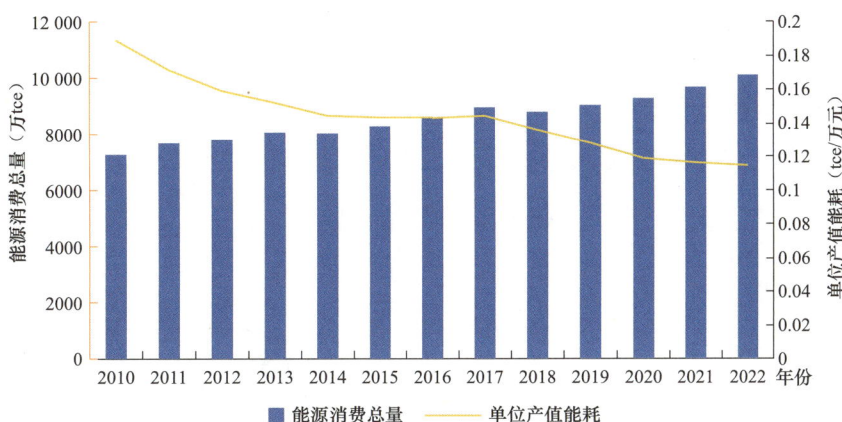

图 1-46　2010－2022 年我国农村生产终端用能总量及产值单耗

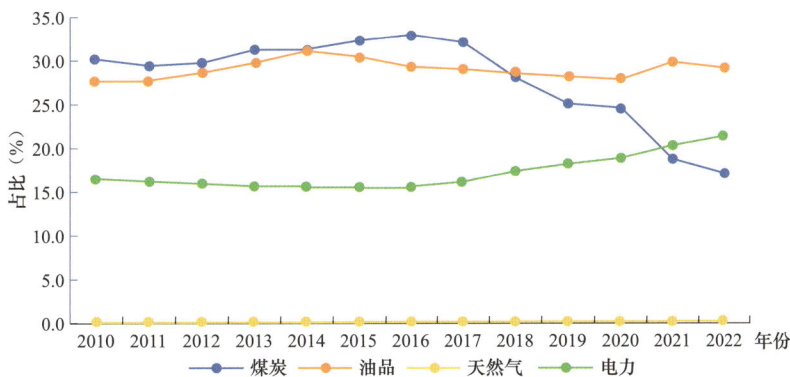

图 1-47　2010－2022 年我国农业生产终端能源消费结构变化

　　加强农村生物质能开发利用。全面实施秸秆综合利用行动，以肥料化、饲料化、能源化利用为主攻方向，发展农村沼气产业，是构建清洁低碳、安全高效能源体系的重要举措。农村沼气形成"上游原料收集－中游沼气生产－终端产品应用"的产业链条，生物质成型燃料建成多个万吨级生产示范基地，形成一批生物质锅炉生产安装、成型燃料供应和热力服务的市场主体。

1.6.1　农业生物质资源开发利用

　　我国农林生物质发电面临原料因多元化利用导致收集成本高的问题，但随着技术的进步及产业链的完善，装机容量及发电量依然呈现增长的趋势。截至

47

2023 年底，我国农林生物质发电累计装机容量约 1688 万 kW，同比增长 3.8%；年发电量约 550 亿 kW·h，同比增长 6.2%；年上网电量约 473 亿 kW·h，同比增长 6.6%。截至 2023 年底，我国沼气发电累计装机容量约 149 万 kW，同比增长 16.8%；年发电量约 36 亿 kW·h（见图 1-48）。

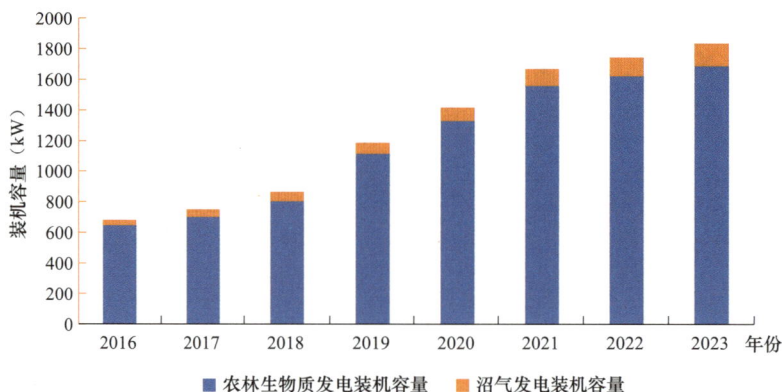

图 1-48　2016－2023 年我国农林生物质、沼气发电装机容量

1.6.2　可再生能源开发利用

据统计，我国农村区域建筑物屋顶面积达 270 多亿 m²，理论上可安装屋顶光伏发电约 19 亿 kW，截至 2023 年底，全国分布式光伏装机容量累计为 25 443.8 万 kW。分布式光伏发电发展的潜力还很大。未来几年，分布式光伏装机容量可能还要翻番。2022 年底光伏组件集采投标报价范围已降至 0.942～1.32 元/W，未来屋顶光伏并网规模还将有较大增长幅度（见图 1-49）。

1.6.3　低碳高效农机应用

推进农机报废更新，加快老旧收获、插秧、植保、脱粒等机械淘汰升级。降低油耗、废气排放、噪声，提升牵引效率和作业精度。其中 2022 年，我国农用大中型拖拉机数量 525 万台，同比增长 5.5%，小型拖拉机数量为 1619 万台，同比增长 –3.4%（见图 1-50）。大力推广节能农机，因地制宜推广高喂入量联合收割机、大中型自走式植保机械、植保无人机等农业机械，降低收获籽粒损失率，提升工作效率。

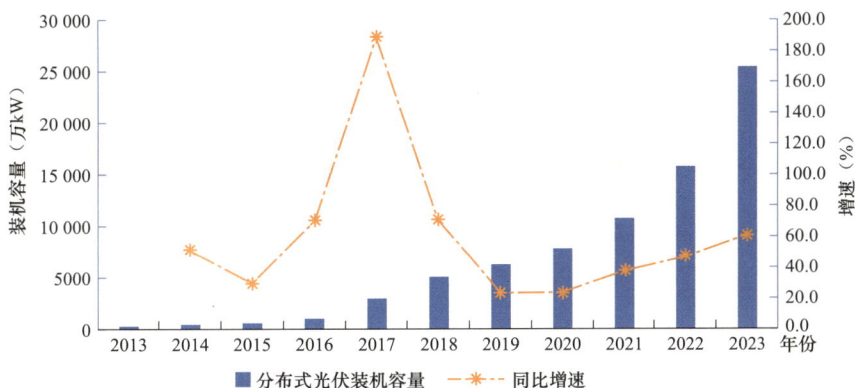

图 1-49　2013－2023 年我国分布式光伏装机容量变化

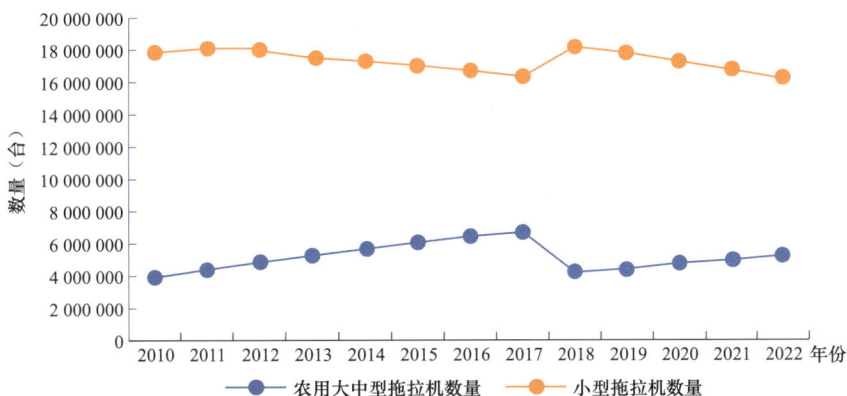

图 1-50　2010－2022 年我国农业生产拖拉机数量变化

1.6.4　农业领域能效措施

推进农村能源消费升级，大幅提高电能在农村能源消费中的比重，加快实施北方农村地区冬季清洁取暖，积极稳妥推进散煤替代。推广农村绿色节能建筑和农用节能技术、产品。大力发展"互联网+"智慧能源，探索建设农村能源革命示范区。

因地制宜发展农村沼气，鼓励有条件地区建设规模化沼气/生物天然气工程，推进沼气集中供气供热、发电上网，以及生物天然气车用或并入燃气管网等应用，替代化石能源。推广生物质成型燃料、打捆直燃、热解炭气联产等技术，配套清洁炉具和生物质锅炉，助力农村地区清洁取暖。推广太阳能热水器、太阳能灯、太阳房，利用农业设施棚顶、鱼塘等发展光伏农业。

加快老旧农机报废更新力度，推广先进适用的低碳节能农机装备，降低化石能源消耗和二氧化碳排放。推广新能源技术，优化农机装备结构，加快绿色、智能、复式、高效农机化技术装备普及应用。

（本节撰写人：谭清坤、张玉琢　审核人：张煜）

2

我国能效发展
趋势研究

2.1 能效发展新形势和目标

2024 年 5 月，国务院发布了关于印发《2024－2025 年节能降碳行动方案》的通知，强调了节能降碳是积极稳妥推进碳达峰碳中和、全面推进美丽中国建设、促进经济社会发展全面绿色转型的重要举措，并指出，2024 年，单位国内生产总值能源消耗和二氧化碳排放分别降低 2.5%、3.9% 左右，规模以上工业单位增加值能源消耗降低 3.5% 左右，非化石能源消费占比达到 18.9% 左右，重点领域和行业节能降碳改造形成节能量约 5000 万 tce、减排二氧化碳约 1.3 亿 t。2025 年，非化石能源消费占比达到 20% 左右，重点领域和行业节能降碳改造形成节能量约 5000 万 tce、减排二氧化碳约 1.3 亿 t，尽最大努力完成"十四五"节能降碳约束性指标。

随着我国碳达峰"1+N"政策体系的逐渐建立，节能与能效政策体系也不断完善，在能源发展总体规划的指引下，针对终端用能领域和能效关键影响因素均出台了专项支持政策。当前政策下我国能效目标见表 2-1。

表 2-1   当前政策下我国能效目标

总体目标	"十四五"期间	到 2025 年，非化石能源消费比重达到 20% 左右，单位国内生产总值能源消耗比 2020 年下降 13.5%，单位国内生产总值二氧化碳排放比 2020 年下降 18%，为实现碳达峰奠定坚实基础
	"十五五"期间	到 2030 年，非化石能源消费比重达到 25% 左右，单位国内生产总值二氧化碳排放比 2005 年下降 65% 以上，顺利实现 2030 年前碳达峰目标
工业领域	行业增加值能耗	到 2025 年，规上工业单位增加值能耗降低 13.5%，吨钢综合能耗降低 2% 以上
	产品增加值能耗	2025 年，钢铁、电解铝、水泥、平板玻璃行、炼油、乙烯、合成氨、电石行业达到标杆水平的产能比例超过 30%，钢铁行业吨钢综合能耗降低 2%，水泥产品单位熟料能耗水平降低 3.7%，电解铝碳排放下降 5%
建筑领域	"十四五"期间城镇新建居住建筑能效水平提升 30%，城镇新建公共建筑能效水平提升 20%	
交通领域	到 2025 年，城市新能源公交车辆占比 72%，铁路营业里程 16.5 万 km，公路通车里程 550 万 km	
农业领域	到 2025 年，农作物耕种收综合机械化率达到 75%	

2.2　全社会能效趋势展望

2.2.1　4E-SD 能效模型

本报告将自上而下与自下而上相结合，系统考虑全要素的影响，构建了具有反馈机制的用能全环节 4E-SD（经济-能源-环境-电力+系统动力学）模型，并进行模拟仿真（见图 2-1）。

◎模型输入：经济变量主要包括 GDP、产业增加值、终端产品需求量的初始值；能源变量主要包括能源生产加工传输环节用能、各用能领域分品种能源消费初始值；环境变量主要包括分用能品种碳排放系数；电力变量主要包括一次能源供应、各领域终端用电初始值。

◎模型输出：全社会、用能领域、用能品种能源消费趋势，全社会、用能领域能效水平和电气化趋势，全社会碳排放趋势等。

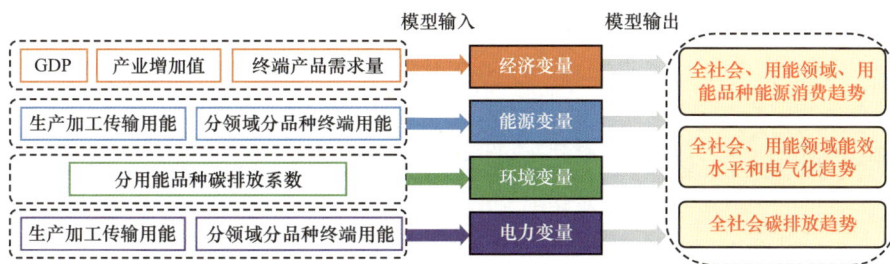

图 2-1　4E-SD 模型输入及输出变量

2.2.2　情景设置

为有效分析不同约束条件及不同发展阶段下的我国能效水平趋势，本报告设置了三种分析情景，分别针对现有政策体系和市场环境、能效先进技术加速应用渗透、能效管理水平加速成熟条件下的能源消费、碳排放、能效水平趋势进行定量研究。情景设置及说明见表 2-2。

表 2-2 情景设置及说明

情景	情景描述
基础情景	依据现有政策目标和要求，结合短期趋势外推法，分析能源消费和碳排放趋势，以及能效对碳排放贡献。该情景下，能效技术逐渐渗透，市场机制和各类能效管理模式逐渐成熟
技术加强情景	该情景下，主要考虑增加对突破性技术和标准的投资，加快先进能效技术渗透和应用，进而分析能效对碳排放的贡献
结构强化情景	该情景主要考虑市场、数字化水平、管理体系、商业模式等结构因素加速成熟条件下的能源消费和碳排放水平，技术投资在现有水平基础上保持合理增长，技术渗透率逐渐增加，进而分析能效对碳排放的贡献

（1）工业领域。

基础情景主要参考当前工业领域政策目标和政策要求。技术加强情景主要考虑工业 CCUS、氢能等新型节能技术应用和渗透率逐步提升。结构强化情景主要考虑市场机制逐渐成熟下工业企业参与碳交易和绿电交易，以及虚拟电厂模式不断成熟。工业领域情景设置见表 2-3。

表 2-3 工业领域情景设置

情景	情景描述
基础情景	◎技术条件：各类技术按照《国家工业和信息化领域节能降碳技术装备推荐目录（2024 年版）》实施。 ◎市场条件：近期主要参与全国电力现货市场，中远期与绿证市场、碳市场等市场逐步有效衔接。 ◎管理条件：基于数字化的能效服务体系逐步完善，能效监测控制管理平台逐步建立和应用
技术加强情景	◎技术条件：到 2030、2060 年，工业 CCUS 加速投资应用，渗透率分别达到 15%、70%；氢能等新能源利用率分别达到 10%、60%。 ◎市场条件：近期主要参与全国电力现货市场，中远期与绿证市场、碳市场等市场逐步有效衔接。 ◎管理条件：基于数字化的能效服务体系逐步完善，能效监测控制管理平台逐步建立和应用

情 景	情 景 描 述
结构强化情景	◎技术条件：现有能效技术逐渐应用渗透。 ◎市场条件：工业企业同时参与绿证市场、电力市场、碳市场，明晰各类市场衔接机制和交易条件，逐步强制实施绿证配额和碳配额。 ◎管理条件：建立多个区域性工业领域虚拟电厂，聚合各类用能资源，优化配置

（2）建筑领域。

基础情景主要参考当前绿色建筑的技术标准和建筑节能政策要求。技术加强情景主要考虑建筑节能改造和电能替代技术加速推广，以及城市综合供热系统的建设。结构强化情景主要考虑建筑用能参与需求响应及"产销一体"模式的成熟。建筑领域情景设置见表 2-4。

表 2-4　　　　　　　　　　建筑领域情景设置

情 景	情 景 描 述
基础情景	◎技术条件：新建建筑按照《建筑节能与可再生能源利用通用规范》（GB 55015－2021）、《民用建筑绿色设计标准（局部修订征求意见稿）》等标准实施。 ◎市场条件：近期屋顶分布式光伏发电占比逐步达到20%，中远期逐步达到50%。 ◎管理条件：基于数字化的能效服务体系逐步完善，能效监测控制管理平台逐步建立和应用
技术加强情景	◎技术条件：新建建筑参照基础情景技术标准，到2030、2060年分别完成既有建筑节能改造面积 6 亿、10 亿 m^2 以上；加速发展全电厨房，到2030、2060年占比分别达到 10%、50%；加快城市电氢耦合的城市综合能源供热系统建设。 ◎市场条件：近期屋顶分布式光伏发电占比逐步达到20%，中远期逐步达到50%。 ◎管理条件：基于数字化的能效服务体系逐步完善，能效监测控制管理平台逐步建立和应用
结构强化情景	◎技术条件：完成"十四五"既有建筑节能改造目标，新建建筑参照基础情景技术标准。 ◎市场条件：建筑分布式光伏建设参照基础情景市场条件；建筑用电积极参与需求响应。 ◎管理条件：逐步参与区域虚拟电厂；通过建筑能效服务管理逐步建成能源"产销一体"模式，到2030、2060年能源"产销一体"建筑比例分别达到 10%、60%

（3）交通领域。

基础情景主要参考当前交通运输政策目标和政策要求。技术加强情景主要考虑电池技术突破下的各目标提升。结构强化情景主要考虑智慧交通运输模式逐渐成熟。交通领域情景设置见表2-5。

表 2-5　　　　　　　　　　　**交通领域情景设置**

情景	情　景　描　述
基础情景	◎技术条件：到2030、2060年，新能源汽车占比分别达到40%、50%，电气化铁路占比分别达到80%、90%。2060年，水路、铁路大宗货物运输量分别增长30%、40%；电动航运、机场APU、港口岸电比例每年提高1%~3%。 ◎市场条件：通过分时电价加强电动汽车错峰充电管理。 ◎管理条件：基于数字化的能效管理平台逐步完善，实现交通运输能源消费可观可测可控
技术加强情景	◎技术条件：加快电池技术突破，到2030、2060年，新能源汽车占比分别达到50%、70%，电气化铁路占比分别达到90%、95%。2060年，水路、铁路大宗货物运输量分别增长50%、60%；电动航运、机场APU、港口岸电比例每年提高5%。 ◎市场条件：通过分时电价加强电动汽车错峰充电管理。 ◎管理条件：基于数字化的能效管理平台逐步完善，实现交通运输能源消费可观可测可控
结构强化情景	◎技术条件：参照基础情景技术条件。 ◎市场条件：通过分时电价加强电动汽车错峰充电管理；考虑交通运输参与碳市场，到2030、2060年分别达到5%、40%。 ◎管理条件：V2X模式逐渐成熟，建设智能基础设施、高精度动态地图、云控基础数据等服务平台，开展充换电、加氢、智能交通等综合服务，实现互联互通和智能管理

（4）农业领域。

基础情景主要考虑在当前技术条件下的绿色农机具应用比例和农业生产用能优化措施。技术加强情景主要考虑绿色农机具应用比例进一步提升，以及碳汇能力提升。结构强化情景主要考虑智慧农业生产和废弃物循环利用模式逐步建立。农业领域情景设置见表2-6。

表 2-6   农业领域情景设置

情景	情景描述
基础情景	◎技术条件：到 2030、2060 年，绿色农机占比分别达到 70%、90%；加快生物质和沼气产业链条和示范基地建设。 ◎管理条件：加快发展生态循环农业
技术加强情景	◎技术条件：到 2030、2060 年，绿色农机占比分别达到 75%、95%；逐步建立"上游原料收集－中游沼气生产－终端产品应用"的产业链条和生物质万吨级生产示范基地；碳汇能力逐步提升，固碳能力每年提升 1%。 ◎管理条件：加快发展生态循环农业
结构强化情景	◎技术条件：绿色农业占比和固碳能力逐步提升，生物质和沼气应用逐步加快。 ◎管理条件：大力推广智慧农业生产和废弃物循环利用，循环利用占比在 2030、2060 年分别达到 20%、60%

2.2.3 全社会及重点领域能效潜力

基础情景下，非化石能源消费占比持续提高，到 2060 年超过 80%；全社会用能在 2032 年达峰；全社会终端用能（除原料用能）在 2031 年达峰，约为 36.5 亿 tce，2060 年降至 25.4 亿 tce；终端煤消费持续下降，油、气、热及其他分别在 2032、2033、2036 年达峰；终端电力消费持续增长，但 2030 年后增长放缓，电能替代为主要的节能途径，终端用煤替代潜力最大，其次为终端用油（见图 2-2 ~ 图 2-7）。

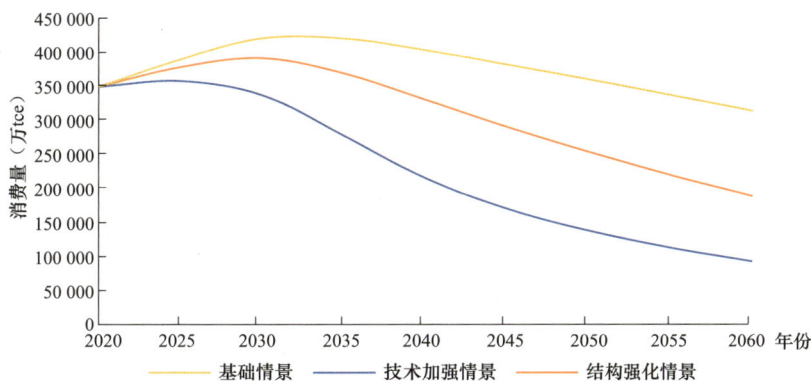

图 2-2 2020－2060 年全社会一次能源消费量预测

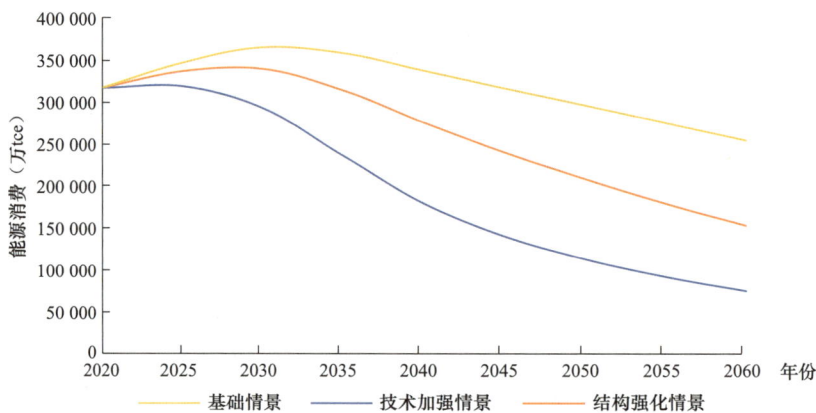

图 2-3　2020－2060 年全社会终端能源消费预测

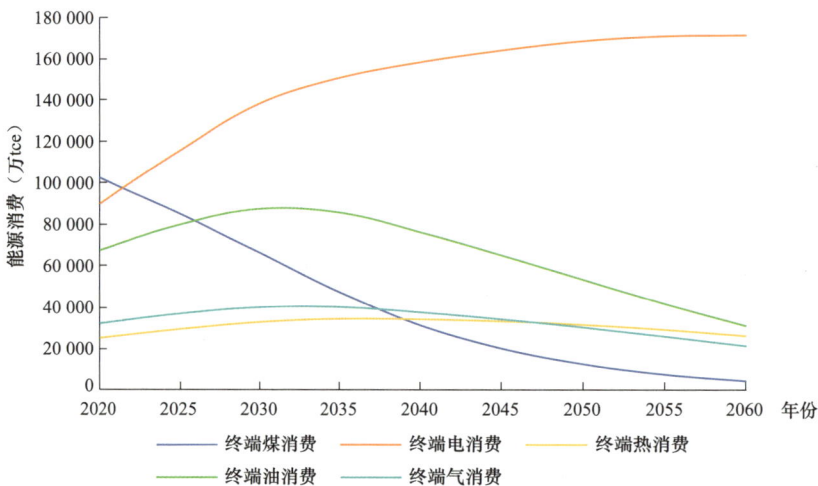

图 2-4　2020－2060 年基准情景下分品种终端能源消费预测

基础情景下，单位 GDP 能耗"十四五"期间降幅为 13.5%，2030、2060 年分别比 2020 年降低了 21.6%、70.3%；结构强化情景、技术加强情景下 2030 年能效分别比 2020 年降低了 31%、42%。结构强化情景、技术加强情景下 2060 年能效分别比 2020 年降低了 82.5%、91.2%（见图 2-8）。

基础情景、结构强化情景、技术加强情景下的能效提升对碳减排的贡献度分别为 42%、71%、76%。结构强化对碳减排的作用逐渐增强，技术加强对碳减排的作用先强后弱。根据我国陆地海洋等碳汇能力测算，基础情景无法实现 2060

年碳中和；结构强化情景下 2060 年碳排放为 28.3 亿 t，较难实现碳中和；技术
加强情景下 2060 年碳排放为 22.4 亿 t，可以实现碳中和（见图 2-9）。

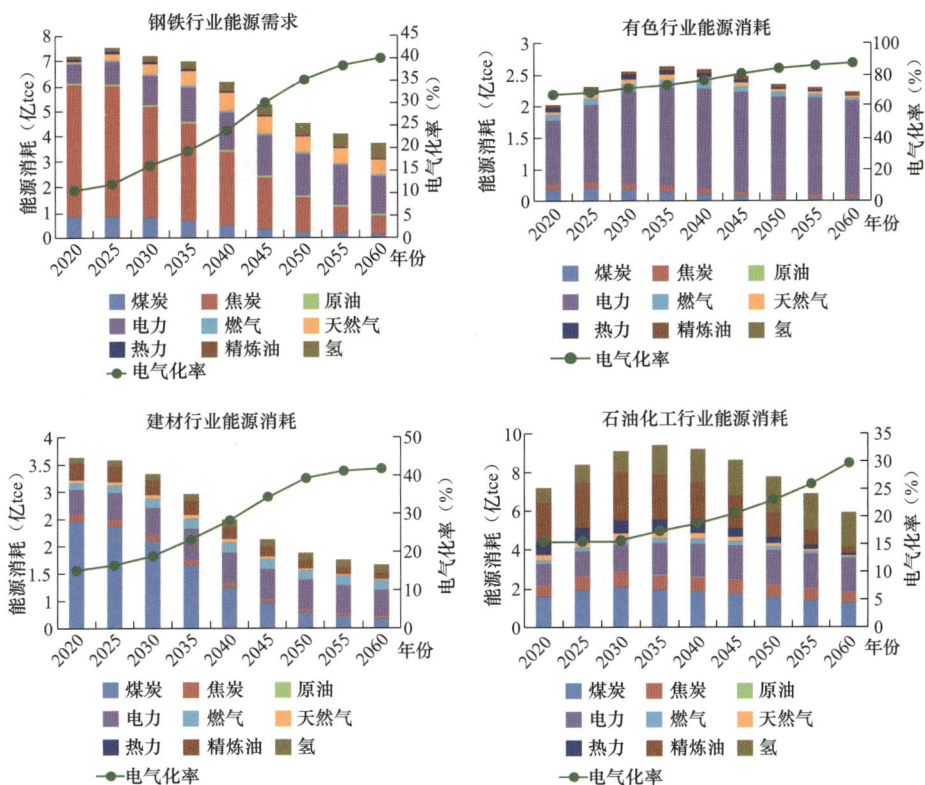

图 2-5　基准情景下工业重点行业分品种能源消费预测

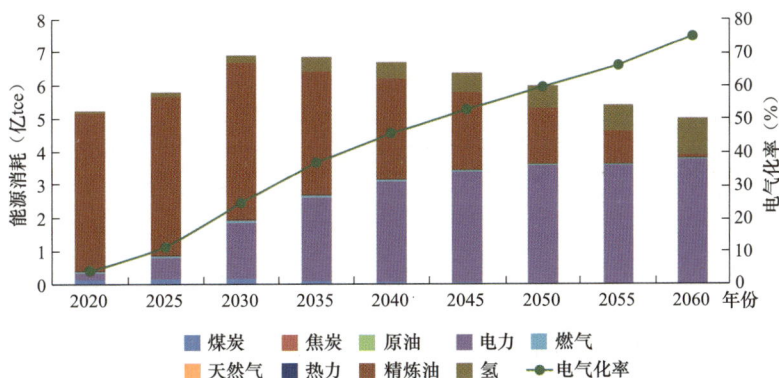

图 2-6　基准情景下交通领域分品种能源消费预测

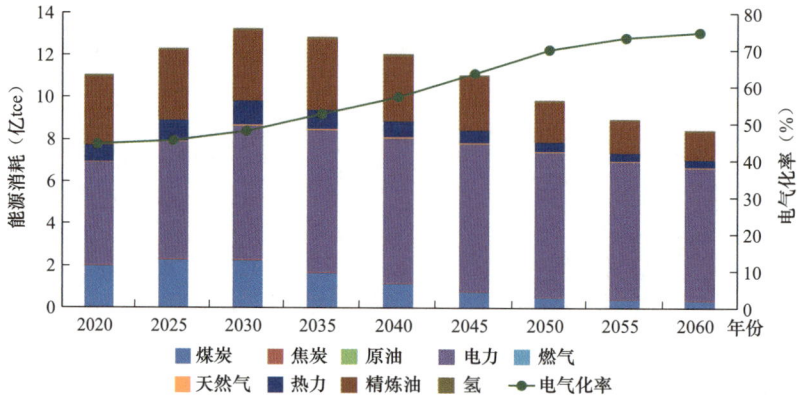

图 2-7　基准情景下建筑领域分品种能源消费预测

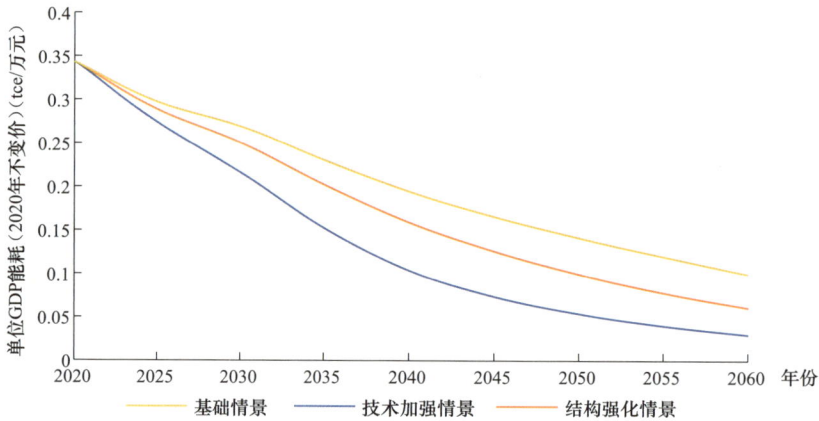

图 2-8　2020－2060 年单位 GDP 能耗（2020 年不变价）预测

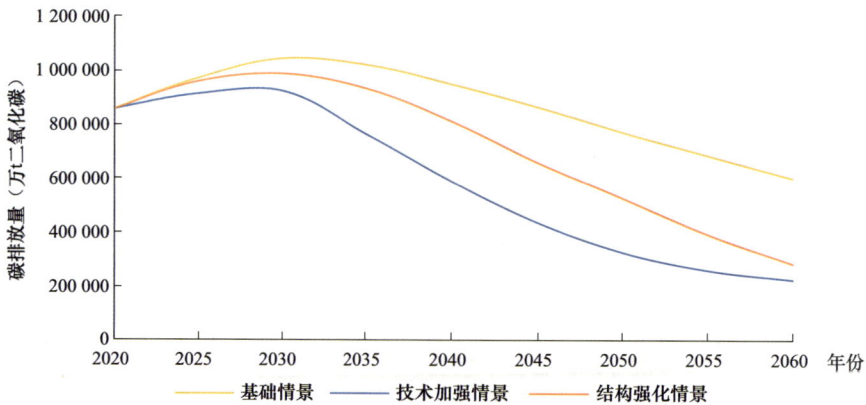

图 2-9　2020－2060 年全社会碳排放量预测

工业领域节能技术应用对近中期能效提升作用较大，基础情景、结构强化情景、技术加强情景下，2030 年单位产业增加值能耗分别为 0.38、0.36、0.29tce/万元，比 2020 年分别降低了 34.5%、37.9%、50%；2060 年单位产业增加值能耗分别为 0.12、0.08、0.04tce/万元，比 2020 年分别降低了 78.9%、86.0%、93.0%（见图 2-10）。能效提升对碳减排的贡献度分别为 42%、71%、75%（见图 2-11）。

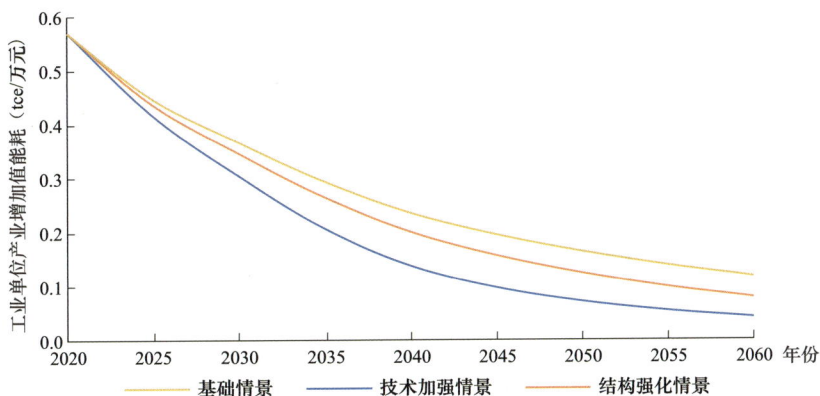

图 2-10　2020－2060 年工业单位产业增加值能耗预测

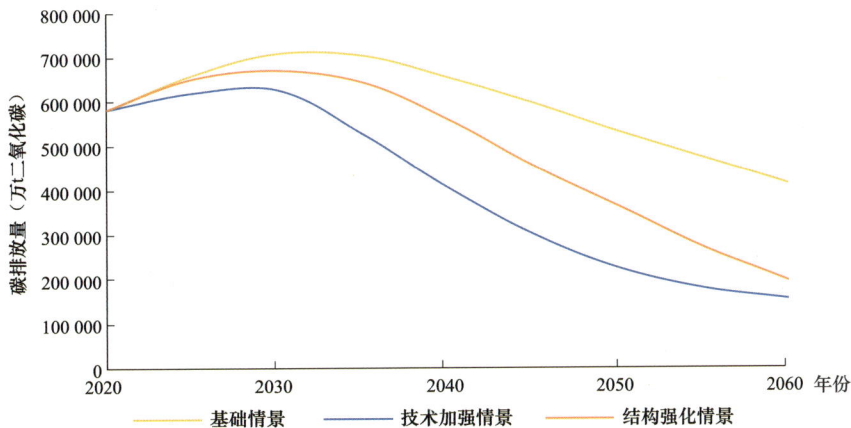

图 2-11　2020－2060 年工业领域碳排放量预测

建筑领域节能技术应用对中远期能效提升作用较大，基础情景、结构强化情景、技术加强情景下，2030 年单位产业增加值能耗分别为 62、57、54kgce/万元，比 2020 年分别降低了 5%、16.7%、24%；2060 年单位产业增加值能耗分别为 23、12、44kgce/万元，比 2020 年分别降低了 66.7%、83.3%、93.3%（见图 2-13）。能效提升对碳减排的贡献度分别为 36%、68%、73%（见图 2-14）。

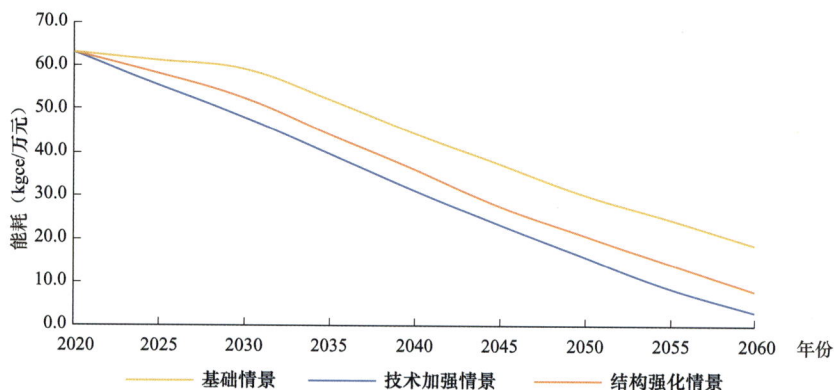

图 2-12　2020－2060 年建筑单位产业增加值能耗预测

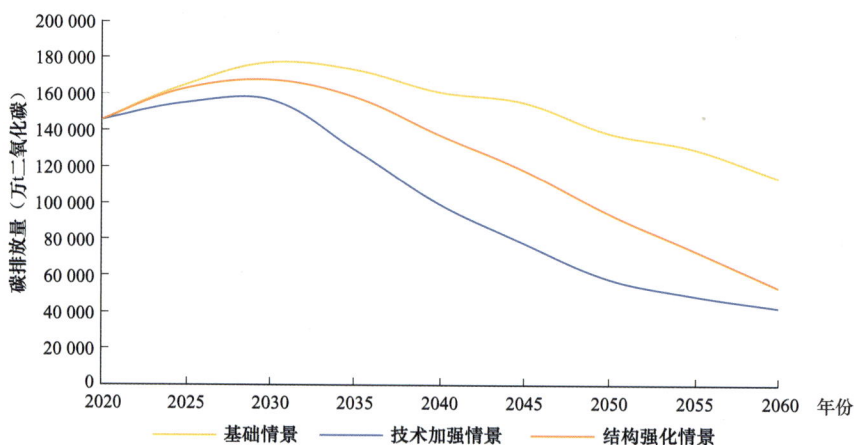

图 2-13　2020－2060 年建筑领域碳排量预测

　　交通领域节能技术应用对近中期能效提升作用较大，基础情景、结构强化情景、技术加强情景下，2030 年单位产业增加值能耗分别为 0.9、0.8、0.62tce/万元，比 2020 年分别降低了 6%、18%、29%；2060 年单位产业增加值能耗分别为 0.18、0.09、0.01tce/万元，比 2020 年分别降低了 80.6%、90.3%、98.9%（见图 2-15）。能效提升对碳减排的贡献度分别为 57%、79%、82%（见图 2-16）。

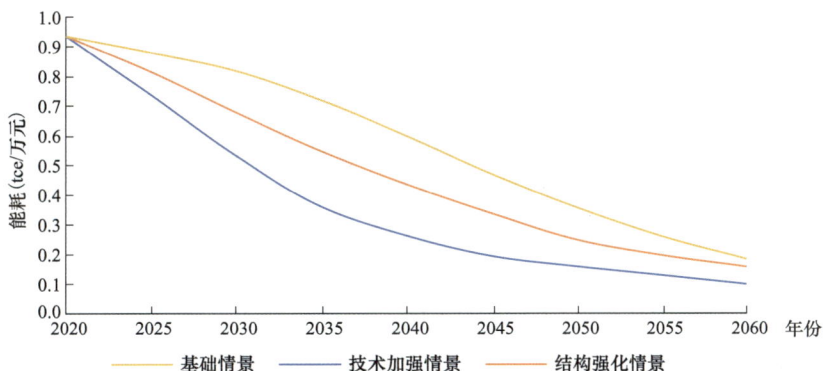

图 2-14　2020－2060 年交通单位产业增加值能耗预测

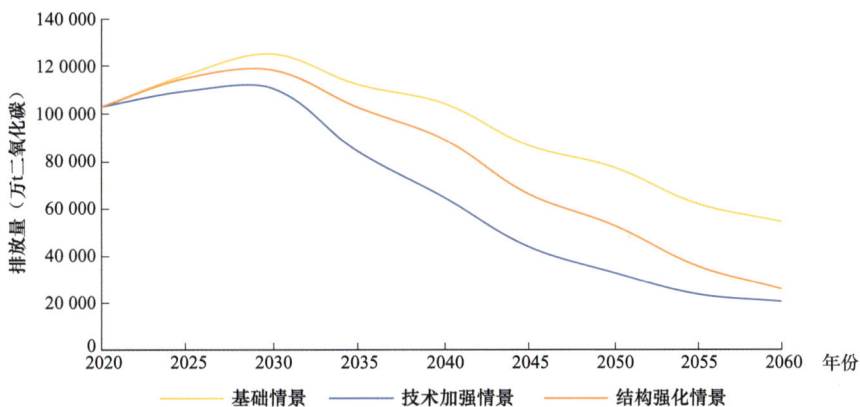

图 2-15　2020－2060 年交通领域碳排放量预测

相较其他领域，农业生产能效提升潜力有限。基础情景、结构强化情景、技术加强情景下，2030 年单位产业增加值能耗分别为 69、64、58kgce/万元，比 2020 年分别降低了 3%、11%、16%；2060 年单位产业增加值能耗分别为 38、22、13kgce/万元，比 2020 年分别降低了 48.6%、70.3%、82.4%（见图 2-16）。能效提升对碳减排的贡献度分别为 42%、71%、76%（见图 2-17）。

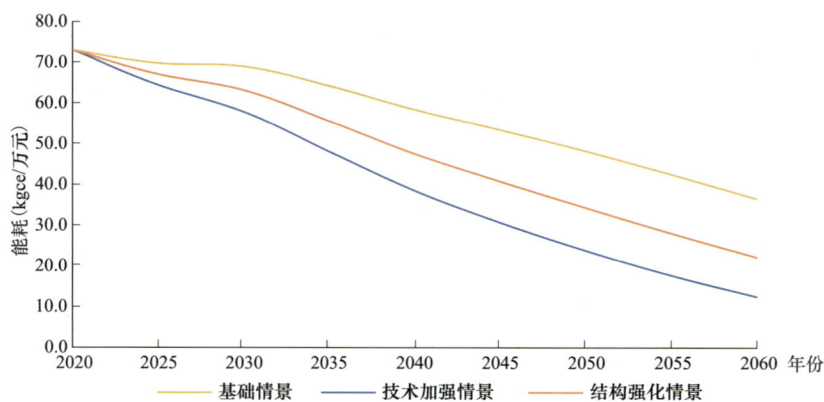

图 2-16　2020－2060 年农业单位产业增加值能耗预测

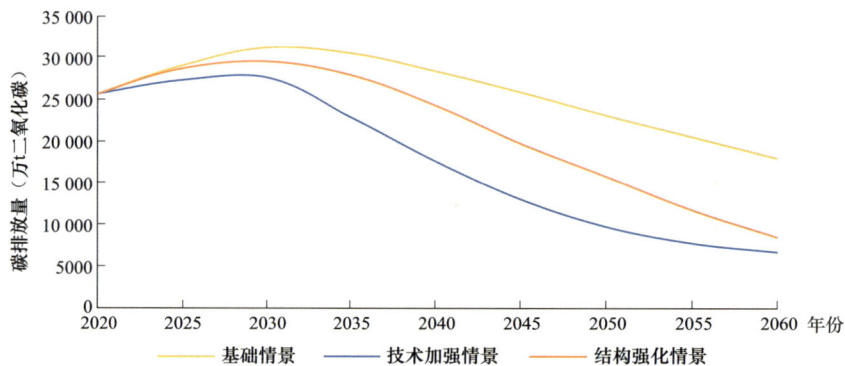

图 2-17　2020－2060 年农业领域碳排放量预测

（本章撰写人：张玉琢　审核人：吴鹏）

3

能源生产、转换、
传输环节能效提升
路径及潜力

3.1 能源生产、转换、传输能效关键举措

未来，在减少化石能源消费、推动能清洁转型的进程中，需要立足我国能源资源禀赋，平衡考虑各方面因素，坚持先立后破、通盘谋划，积极稳妥推动传统能源与新能源优化组合，守住能源安全可靠供应的底线。能源生产和转换将更加清洁化，电力将充分发挥能源资源配置平台作用，以电为中心，电、气、冷、热、氢等多能互补、灵活转换是能源系统发展演变的潮流趋势。"大云物移智链"等数字化技术为能源领域持续赋能，传统能源企业加快数字化转型，能源产业链及生态发生深刻变化。电力跨省跨区输送能力持续提升，全国范围内能源资源协同互济能力显著提升，持续完善特高压和各级电网核心骨干网架，大力推进新能源供给消纳体系建设，加快建设现代智慧配电网，增加配电网规模，稳步提升供电质量。

3.2 电力生产与传输

（1）近期提升新能源消纳、智能电网初步实现。

电力行业将面临新能源并网比例的显著增加，这要求电力系统在保障稳定供应的同时，加快转型升级。电网需要优化其主干网络，提升对新能源的适应性和调节能力，确保电力系统的安全和可靠运行。跨区域输电能力的提升将促进新能源的大规模外送，而配电网的高质量发展则需要应对分布式能源的快速增长和复杂性增加。智慧化调度体系的建设将成为关键，以适应新型电力系统的复杂性和动态性。此外，新能源电站的系统友好性提升、新一代煤电机组的升级、电力系统调节能力的优化、电动汽车充电网络的扩展、需求侧管理的增强，以及技术创新和体制机制的改革，都是近期电力行业能效提升和绿色低碳发展的重要方向。这些措施将共同推动电力行业向更加清洁、高效、智能的方向发展，为实现中期和远期的绿色低碳目标奠定基础。

（2）中期加快煤炭清洁利用，电力传输智能升级。

电力行业的转型将进一步深化，以适应新能源的大规模接入和电力市场的快速发展。电力系统将更加注重稳定性和灵活性，通过技术创新和体制机制改革，提高电网的调节能力和资源配置效率。智慧化调度体系的建设将加强，以适应分布式能源和新型电力主体的增长。新能源电站的建设和运营将更加注重系统友好性，以提高电力系统的运行效率。同时，新一代煤电机组的升级将促进电力行业的低碳转型。电力系统调节能力的提升将依赖于新型储能技术的发展和应用。电动汽车充电网络的扩展将支持新能源汽车的普及，而需求侧管理的增强将提高系统的运行效率和可靠性。此外，技术创新和体制机制的改革将为电力行业的可持续发展提供动力，推动电力行业向更加绿色、低碳、智能的方向发展。

（3）远期将依托成熟的新型电力系统提升发电和传输效率。

电力行业的绿色低碳发展将进入全面实施阶段，以实现碳中和目标。电力系统将实现从传统化石能源向清洁能源的根本转变，构建以新能源和可再生能源为主体的电力系统。这将涉及能源结构的深度调整，包括大力发展风能、太阳能等非化石能源，以及推动化石能源的清洁高效利用。电力系统的智能化和数字化水平将显著提升，以提高系统的运行效率和可靠性。同时，电力行业的技术创新将更加活跃，推动电力系统向更加灵活、高效、安全的方向发展。此外，电力市场将更加成熟和完善，为电力行业的绿色低碳转型提供有效的市场机制和政策支持。电力行业的绿色低碳发展将与国家的可持续发展战略紧密结合，为实现经济社会的全面绿色转型作出重要贡献。

3.3 煤炭开采与洗选

（1）近期优化采掘工艺，提高洗选效率。

通过智能化矿山开采并优化运输系统来提升效率，包括利用自动化和智能化设备，提高开采精度，减少能源浪费，如使用自动化采掘设备、智能监测系统等；采用电力驱动的运输设备，替代传统的内燃机驱动，以减少燃料消耗，降低碳排放；通过改进选煤工艺、使用节能设备来提升效率，包括通过升级洗选设备，提高分选效率，减少煤炭中夹杂物，降低能源消耗；采用低能耗、高效率的分选设备，如重介质旋流器、高效筛分机等，减少洗选过程中的能源浪费。井下无人采煤设备如图 3-1 所示。

图 3-1　井下无人采煤设备[3]

（2）中期推进洗选智能化，加强能量回收与循环利用。

推广洗煤自动化系统，进行智能传感器与数据分析，包括结合大数据、人工智能技术进行洗煤过程的优化，提高分选精度和效率；使用更多传感器和人工智能系统，对洗选矿物、粒度等进行实时分析，调整操作策略，提升选煤效率。加强余热回收，治理和回收废气，包括在洗选过程中产生的废热可以通过热交换系统回收再利用，用于供热或其他用途；开采过程中产生的废气可以通过技术手段加以治理并回收，减少能源损失。

（3）远期促进能源管理与优化，应用清洁能源技术。

部署能源监控系统并广泛应用节能技术，包括实时监控开采与洗选过程中的能耗，识别高能耗环节并进行优化；采用变频控制技术等来调节设备运行状态，降低电力消耗；开发清洁开采技术，减少煤矿的煤尘、废水和废气排放，同时提高能效；将煤炭开采和洗选过程中的废弃物（如煤矸石、废气等）转化为新能源（如生物质燃料、合成气等）进一步提升能效。露天煤矿无人"装运卸"作业如图 3-2 所示。露天煤矿+清洁能源示范如图 3-3 所示。

图 3-2　露天煤矿无人"装运卸"作业[4]

图 3-3　露天煤矿+清洁能源示范[5]

3.4 油 气 开 采

（1）近期推广高效采油技术并进行设备节能改造。

根据油田类型、地质条件、油藏特性等条件不同，因地制宜推广先进的钻井与采油技术，如定向钻井、多级压裂技术、射孔工艺等，提高油气开采效率，减少能量消耗；采用电驱动代替传统燃料驱动的设备，尤其是在抽油、压气等过程中，提高电能使用效率；对现有的开采设备进行节能改造，使用高效泵、压缩机、驱动设备等，降低能耗；改善井下设备的能源消耗，如采用高效的电动井下泵、节能型加热器等。双水平井蒸汽辅助重力泄油技术如图 3-4 所示。

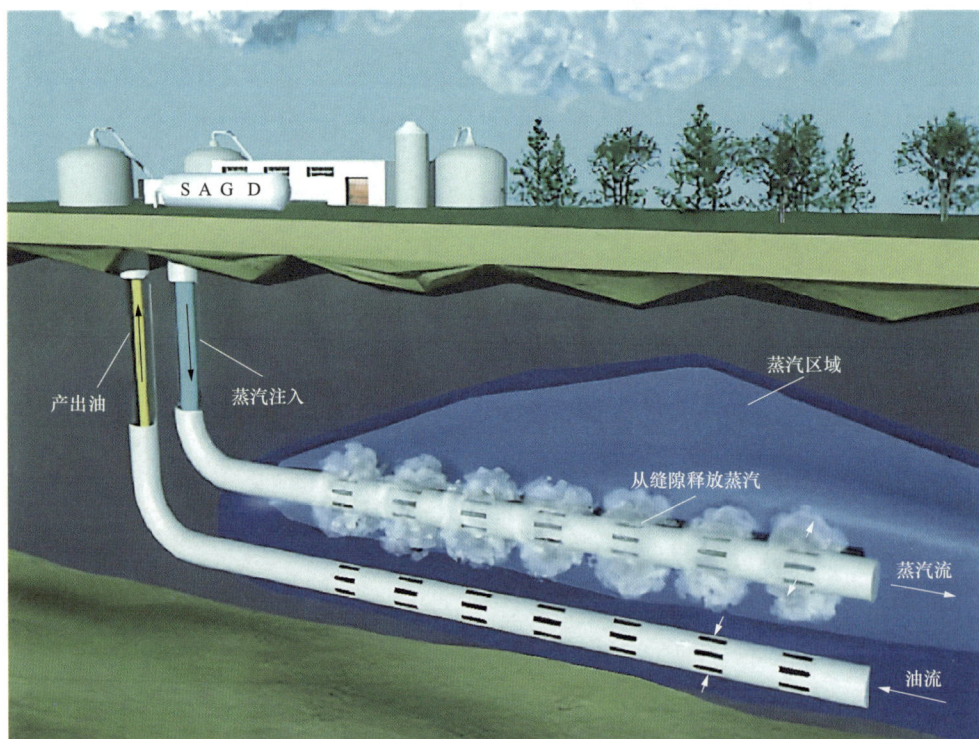

图 3-4　双水平井蒸汽辅助重力泄油技术[6]

（2）中期深化智能化油田开发与管理，促进能源综合利用。

通过大数据、人工智能、云计算等技术，将油田的勘探、开采、管理进行数字化转型，精确控制每一个环节的能源消耗；利用 AI 和机器学习技术对设备进行预测性维护，避免能源浪费和设备故障带来的额外能耗；将开采过程中产生的天然气或伴生气可以进行回收利用，用于现场发电或提供其他能源需求，减少燃料消耗；通过热交换技术回收井口或开采过程中的余热，利用这些热能进行预热或供能，提升整体能效。我国首座海上智能油田——中国海油秦皇岛 32-6 油田如图 3-5 所示。

图 3-5　我国首座海上智能油田——中国海油秦皇岛 32-6 油田

来源：澎湃新闻。

（3）远期进行智能化与自动化全面升级，应用清洁能源技术。

推动油田的无人化、智能化作业，利用无人机、自动化钻井、智能泵等设备，全面提升生产效率，降低能源消耗；在油田开采的各个环节中，推广基于人工智能的全自动化控制系统，减少人工干预和能源浪费；采用更清洁的开采技术，减少油气开采过程中的碳排放与环境影响，例如通过碳捕集与封存技术减少二氧化碳排放；结合氢能和可再生能源（如太阳能、风能等）进行能源供应和驱动，推动油气产业的低碳转型。海上油气田+清洁能源如图 3-6 所示。

图 3-6　海上油气田+清洁能源

来源：腾讯网。

3.5　能　效　展　望

根据模型的基础情景预测值，预计 2025、2030、2060 年，我国火电机组平均供电煤耗分别为 280、250、200gce/（kW·h），厂用电率分别为 4.3%、3.9%、3.1%，全国线路损失率预计分别为 5.5%、5%、4%（见图 3-7）；原煤开采及洗选

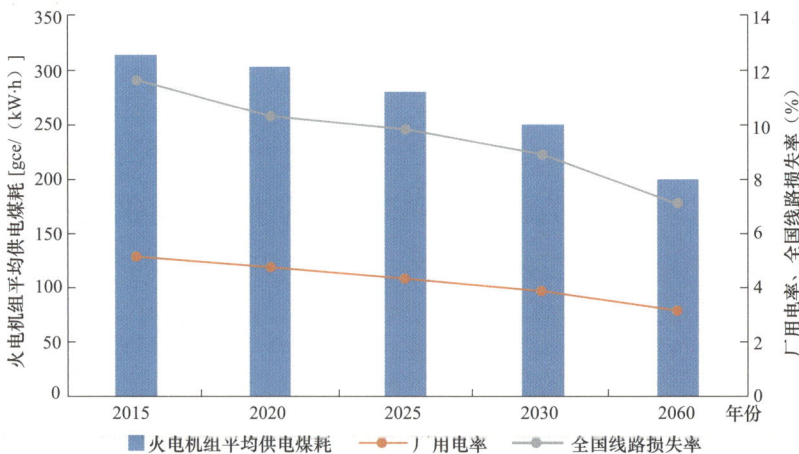

图 3-7　电力行业加工转换传输效率展望

综合能耗为 10.8、10.1、8.9kgce/t，炼焦总效率分别为 93.7%、94.6%、96.0%；炼油总效率将分别提升至 96.1%、96.5%、98.0%（见图 3-8）。

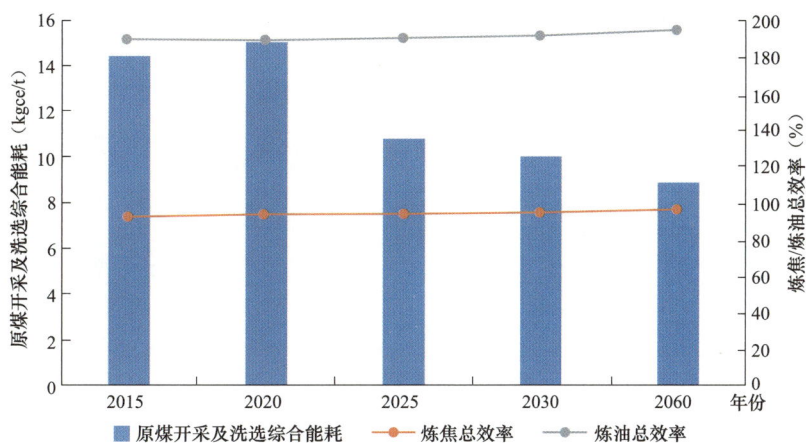

图 3-8　煤炭和油气行业加工转换传输效率展望

（**本章撰写人：吴鹏、贾跃龙　审核人：张成龙**）

4

工业领域能效提升路径及潜力

4.1　工业能效提升关键举措

（1）调整优化用能结构。

重点控制化石能源消费，有序推进钢铁、建材、石化化工、有色金属等行业煤炭减量替代，拓宽电能替代领域，在铸造、玻璃、陶瓷等重点行业推广电锅炉、电窑炉、电加热等技术，开展高温热泵、大功率电热储能锅炉等电能替代，扩大电气化终端用能设备使用比例。

（2）实施节能改造。

落实能源消费强度和总量双控制度，实施工业节能改造工程。聚焦钢铁、建材、石化化工、有色金属等重点行业，完善差别电价、阶梯电价等绿色电价政策，鼓励企业对标能耗限额标准先进值或国际先进水平，加快节能技术创新与推广应用。推动制造业主要产品工艺升级与节能技术改造，不断提升工业产品能效水平。

（3）强化节能监督管理。

持续开展国家工业专项节能监察，制订节能监察工作计划，聚焦重点企业、重点用能设备，加强节能法律法规、强制性节能标准执行情况监督检查，依法依规查处违法用能行为，跟踪督促、整改落实。全面实施节能诊断和能源审计，鼓励企业采用合同能源管理、能源托管等模式实施改造。

4.2　黑色金属工业

（1）近期加强现有节能技术创新、推进钢铁企业兼并重组。

一是利用综合标准依法依规推动落后产能应去尽去，严防"地条钢"死灰复燃和已化解过剩产能复产，健全防范产能过剩长效机制。二是重点围绕低碳冶金、洁净钢冶炼、薄带铸轧、高效轧制、基于大数据的流程管控、节能环保等关键共性技术，加大创新资源投入。三是鼓励重点区域提高淘汰标准，淘汰步进式烧结机、球团竖炉等低效率、高能耗、高污染工艺和设备。四是鼓励钢铁企业跨区域、跨所有制兼并重组，改变部分地区钢铁产业"小散乱"局面，增强企业发展内生动力。

（2）中期有序发展电炉炼钢、推动高端制造与智能制造。

一是推进废钢资源高质高效利用，有序引导电炉炼钢发展，鼓励有条件的高炉-转炉长流程企业就地改造转型发展电炉短流程炼钢。二是支持钢铁企业瞄准下游产业升级与战略性新兴产业发展方向，重点发展高品质特殊钢、高端装备用特种合金钢、核心基础零部件用钢等小批量、多品种关键钢材。三是推进 5G、工业互联网、人工智能、商用密码、数字孪生等技术在钢铁行业的应用，鼓励企业大力推进智慧物流，探索新一代信息技术在生产和营销各环节的应用，不断提高效率、降低成本。

（3）远期技术创新取得重大突破、管理创新推动高质量发展。

一是加快节能降碳冶金先进技术研发和推广应用，推动关键核心技术、工艺和装备取得重大突破，形成成熟的低成本制氢和富氢（或纯氢）冶炼商业化、产业化应用模式，实现钢铁生产过程能效大幅提升。二是加大商业模式创新和管理创新，在实现"双碳"目标中，以减污降碳协同增效助推钢铁行业绿色高质量发展。中国钢铁工业低碳技术路线贡献如图 4-1 所示。

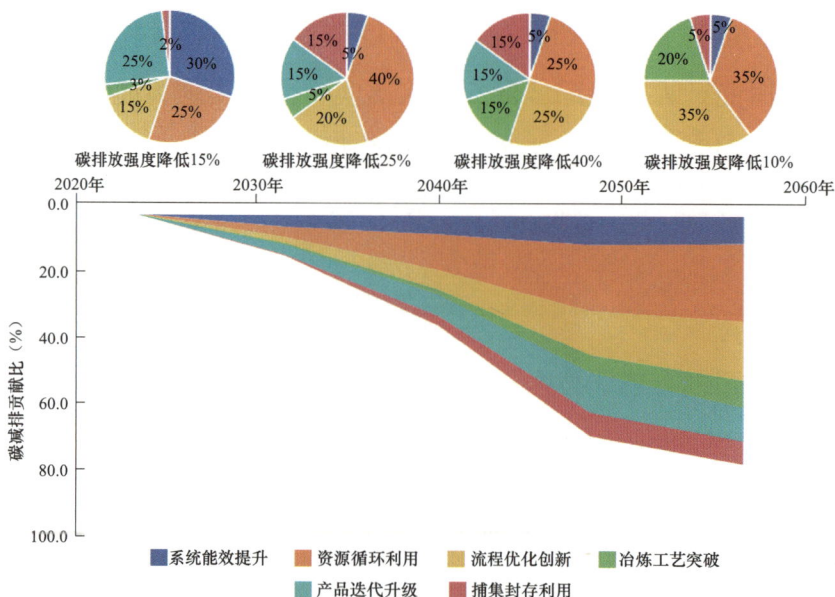

图 4-1　中国钢铁工业低碳技术路线贡献图

4.3　有色金属工业

（1）近期推广先进适用技术，发展再生金属产业。

加强关键技术攻关，研究有色金属行业低碳技术发展路线图，开展余热回收等共性关键技术、氨法炼锌等前沿引领技术、原铝低碳冶炼等颠覆性技术攻关和示范应用。大力推动先进节能工艺技术改造，重点推广高效稳定铝电解、铜锍连续吹炼、蓄热式竖罐炼镁等一批节能减排技术。发展再生金属产业，完善再生有色金属资源回收和综合利用体系，完善再生有色金属原料标准。

（2）中期推动生产方式向智能、绿色、数字化转变。

一是加快智能化改造，全面打造推广智能工厂。加快实施产线智能生产设备改造，提升采选、冶炼、加工生产现场的实时感知与数据采集能力、关键生产环节的实时监控、危险预警、动态调度、智能处置能力。二是强化产品全生命周期绿色发展理念，大力推进绿色产品、绿色工艺、绿色工厂建设。三是加快企业管理体系数字化变革，构建绿色清洁生产体系，引导有色金属生产企业选用绿色原辅料、技术、装备、物流，建立绿色低碳供应链管理体系。

（3）远期推进高端化制造，推进产业协同。

一是加快推进具有前瞻性、系统性、战略性、颠覆性的技术研发，实现有色金属材料链条向高端延伸，发展高性能新材料。二是要打破行业界限，促进钢铁、有色和化工企业间的区域流程优化整合、互融相嵌，实现流程再造；鼓励原生与再生、冶炼与加工产业集群化发展，通过减少中间产品物流运输、推广铝水直接合金化等短流程工艺、共用园区或电厂蒸汽等，建立有利于碳减排的协同发展模式，降低总体碳排放。有色金属行业低碳技术发展路线如图4-2所示。

有色金属行业低碳技术发展路线图

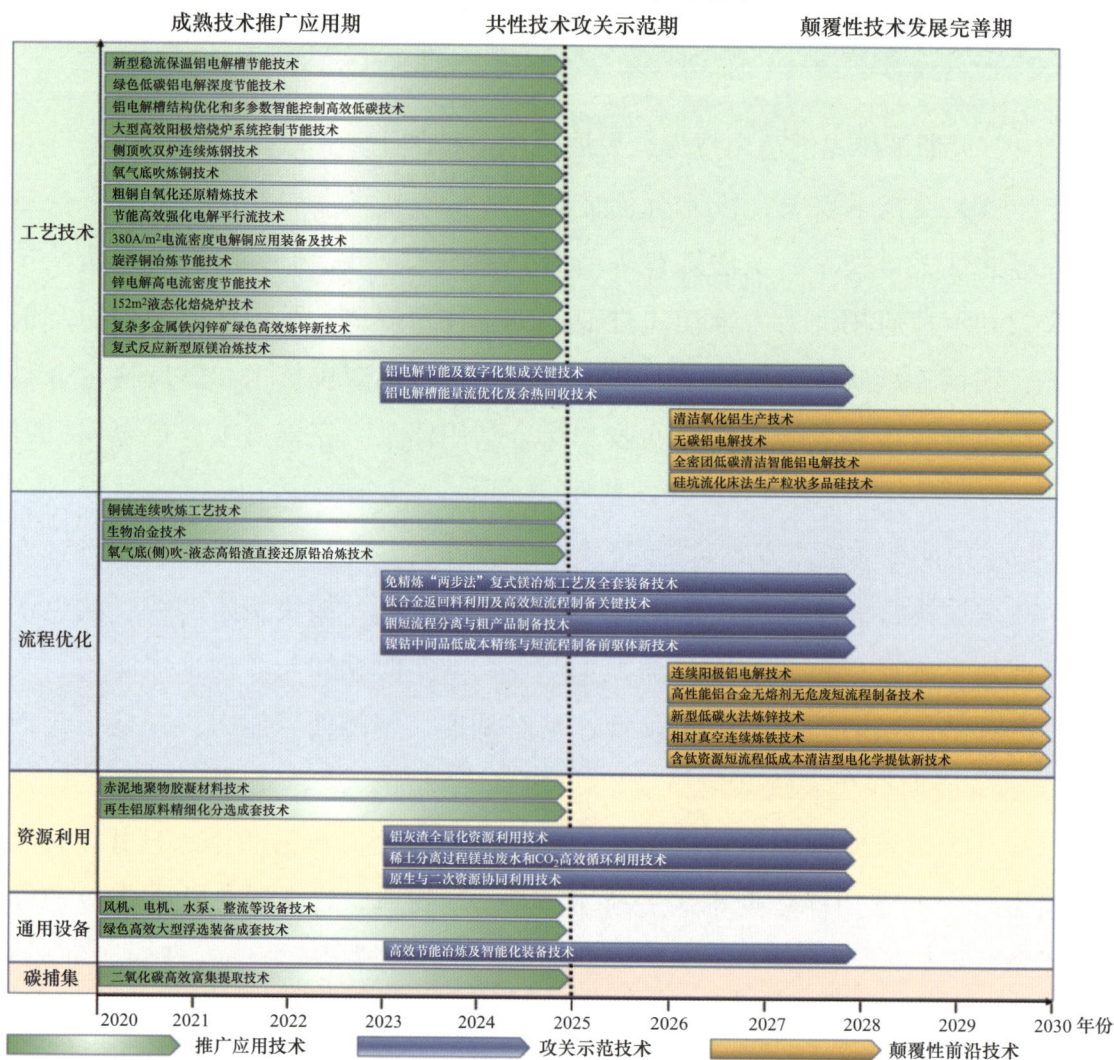

图 4-2　有色金属行业低碳技术发展路线图[7]

4.4　建筑材料工业

（1）近期低效产能退出、推动节能改造。

一是提高行业落后产能淘汰标准，发挥能耗、环保、质量等指标作用，引导能耗高、排放大的低效产能有序退出。二是加强全氧、富氧、电熔等工业窑炉节能降耗技术应用，实施水泥、平板玻璃、建筑卫生陶瓷等生产线节能技术综合改造[8]。

（2）中期重点技术突破、原料替代和固废利用。

一是重点推广新型低碳胶凝材料，突破玻璃熔窑窑外预热、水泥电窑炉、水泥悬浮沸腾煅烧、窑炉氢能煅烧等重大低碳节能技术。二是加快水泥行业非碳酸盐原料替代，提升玻璃纤维、岩棉、混凝土、水泥制品、路基填充材料、新型墙体和屋面材料生产过程中固废资源利用水平。三是加快推进建材行业与新一代信息技术深度融合，通过数据采集分析、窑炉优化控制等提升能源资源综合利用效率。

（3）远期实现碳捕集利用、绿色制造体系。

一是推动窑炉碳捕集、利用与封存技术广泛应用；二是强化建材企业全生命周期绿色管理，大力推行绿色设计，建设绿色工厂，协同控制污染物排放和二氧化碳排放，构建绿色制造体系。全球主要水泥行业协会碳中和技术路线如图4-3所示。

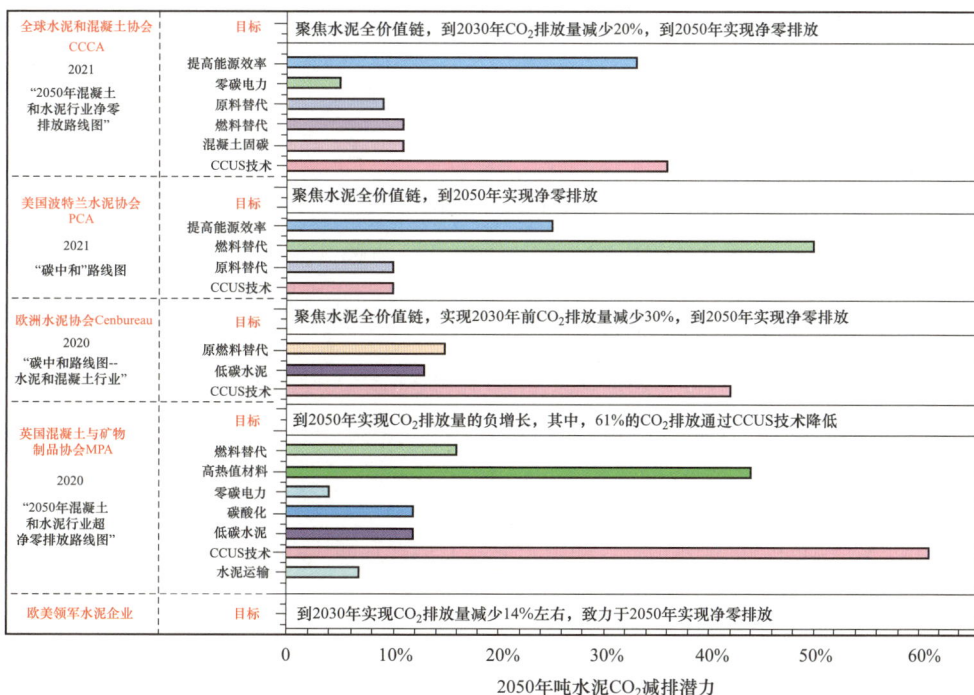

图 4-3　全球主要水泥行业协会碳中和技术路线图

4.5 石油和化学工业

（1）近期以结构调整和技术更新推动行业转型升级。

一是以生产结构优化为目标，一方面合理限制和淘汰过剩落后产能，另一方面以大型炼化一体化项目为龙头，推动下游烯烃产业链、芳烃产业链、化工新材料/精细化学品产业链等协同发展。二是加快行业技术降碳进程，大力推进绿氢发展和装备电气化，以 CO_2 近零/净零排放示范工程的试点形式鼓励开展碳捕集封存与利用项目。三是推动流程改造，对包括以电力为动力的新型加热炉、新一代信息技术改造的新工艺、新设备、新催化剂等技术加大研发推广。这一时期，石化原材料需求仍将随经济发展提升，炼化一体化企业的优势更加明显，带动 2025 年成品油消费量达到峰值[9]。

（2）中期从产业、碳交易、研发等方面综合打造低碳管理体系。

一是构建低碳产业体系，主要围绕新能源汽车、清洁能源等低碳产业发展，开展生态产品设计，减少产品全生命周期碳足迹，带动上下游产业链碳减排。二是完善行业碳排放市场建设，在推动企业积极参与碳排放权交易市场同时，逐步提高覆盖行业碳排放基准，同步促进降低碳排放与购买碳排放配额。三是开展重点研发，针对低排放技术开展前瞻性、系统性、战略性、颠覆性分析评估，以国家重大科技专项为抓手，重点部署一批研发和创新项目。这一时期，中国石油需求将在 2030 年达到约 8.2 亿 t 的峰值，轻质原料、绿氢发展、装备电气化水平持续提升，CCUS 商业化应用初具规模。

（3）远期全面形成行业零碳生产和管理体系。

一是新型零碳产业链条基本建立，绿氢、CO_2 等轻质原料成为石化企业的主要原料，油气使用明显下降。二是碳管理体系趋于成熟，具有生态补偿机制的碳汇项目大幅开发，碳排放权交易市场、碳资产管理体系建设持续完善，基本实现碳市场全行业覆盖。三是低碳技术全面普及应用，碳捕获与封存利用和氢能等新技术大规模普及推广，地热、核能等新能源及储能技术与数字技术深度融合，煤电、气电在行业用能比例大幅下降。这一时期，中国石油消费量到 2060 年逐步下降到 2.5 亿 t 以下，石化行业整体实现净零碳排放，CCUS、绿氢等技术也逐渐成熟并大规模商业化应用。石化和化学工业不同阶段的减排贡献如图 4-4 所示。

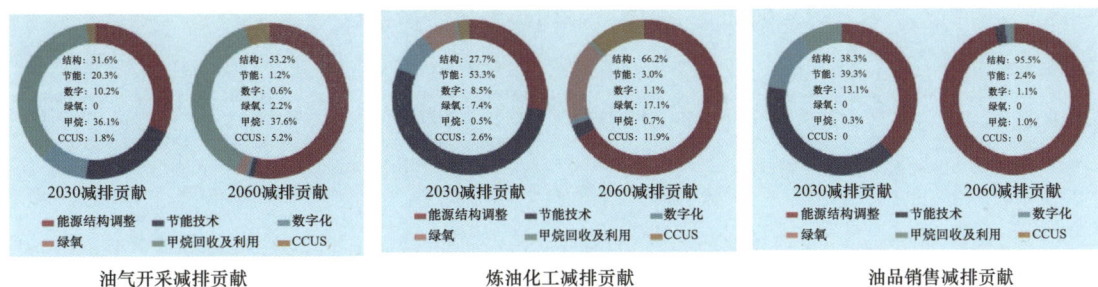

图 4-4　石化和化学工业不同阶段的减排贡献

4.6　能　效　展　望

根据模型的基础情景预测值，预计 2025、2030、2060 年，我国黑色金属行业增加值能耗将分别降至 2.7、2.2、1.5tce/万元，其中，吨钢综合能耗将分别降至 537、511、359kgce/t；有色金属行业 2025、2030、2060 年行业增加值能耗将分别降至 1.5、1.5、1.2toe/万元，其中，电解铝综合电耗将分别降至 12 950、12 820、12 270kW·h/t；建材行业增加值能耗将分别降至 2.0、1.8、1.4tce/万元，其中，水泥综合能耗将分别降至 112、108、98kgce/t，平板玻璃综合能耗将分别降至 11.2、10.8、8.5kgce/重量箱；石化和化工行业增加值能耗分别为 2.1、1.9、1.5tce/万元，其中，乙烯单产能耗分别为 799、789、770kgce/t，烧碱单产能耗分别为 817、795、720kgce/t。我国工业领域产值能耗走势如图 4-5 所示。

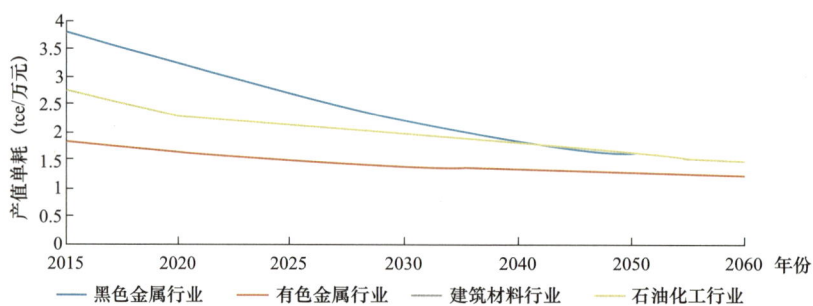

图 4-5　我国工业领域产值能耗走势

（本章撰写人：段金辉、刘小聪、吴陈锐、许传龙　审核人：吴鹏）

5

建筑领域能效提升
路径及发展趋势

5.1 建筑领域能效提升路径及潜力

（1）提升电气化水平。

一是提升生活热水的电气化水平。考虑我国"少气"的资源禀赋条件及电能替代技术进步，家庭电热水器占比逐步提升。二是提升供暖电气化水平。可利用空气能热泵等高效节能技术来满足居民采暖需求，实现建筑能源脱碳，进而达到节约能源、效益的目的。三是提升炊事电气化水平。利用电蒸锅、电炒锅、智能变频电气灶等电炊事设备来代替够有效减少明火烹饪，进而减少化石能源的使用。

（2）高效节能技术应用普及。

促进各项先进高效的节能技术在建筑中的落地应用，从而优化节能环保效果。节能技术包括可再生能源、测量和控制系统、能源和设备系统、室内环境调节系统等。鼓励和引导有条件的地区和类型，推广近零能耗建筑、零能耗建筑、零碳建筑。[10]

（3）加强能效管理。

逐步实施精细化的建筑用能管理。利用综合能源技术、清洁能源技术，开展能耗统计、能源审计、能耗监测等工作，进而开展建筑能耗比对和能效评价，运行管理向信息化、智能化转变。

5.2 近期加快节能改造及可再生能源应用

（1）加快节能改造。

针对老旧小区改造开展既有建筑节能改造，围护结构性能提升到位，改造北方供暖地区农村建筑，探索市场驱动，政府鼓励的市场化改造模式，制定财政、税收上的激励和奖励政策。

（2）加快可再生能源应用。

推动既有公共建筑屋顶加装太阳能光伏系统，加快智能光伏应用推广。在太阳能资源较丰富地区及有稳定热水需求的建筑中，积极推广太阳能光热建筑应用。因地制宜推进地热能、生物质能应用，推广空气源等各类电动热泵技术。进一步加速生物质能利用技术在农村的推广和产业化，大力推动生物质能利用从单一原料和产品模式转向原料多元化、产品多样化经济梯级综合利用模式，因地制宜解决农村居民燃料、取暖等问题。

5.3　中期提升建筑电气化实施用能精细化管理

（1）全面提升建筑电气化水平。

促使节能电器普及，推动建筑电气化。引导生活热水、供暖、炊事等向电气化转型，利用高效节能的电气设备来代替燃煤燃油燃气设备。通过普及电气化技术逐步实现数字化、智慧化。

（2）精细化管理。

利用 5G、大数据等技术创建能源数据精细化管理系统，在数据的采集、存储和管理方面都能达到实时、高效、精细化，并根据建筑能源不同的使用特征来分析整合各项数据，利用数据可视化工具展示能源利用效果，实现建筑能源高效利用。可通过能源系统采集数据并进行自动控制或远程操作，达到分时分区控制的功能，实现自动气候补偿，做到冷热量分配均匀，实现按需供冷、供热的需要，极大地提高用户的舒适程度，在保证空调舒适品质的前提下实现节能减排的目标。

5.4　远期全面应用人工智能实现智能建筑

（1）智慧建筑。

智慧建筑可以利用能源系统运行中产生的各类数据创建能耗设备运维数据

库，在能耗设备的全生命周期内实现智能化管理，提升建筑管理水平，达到能源精细化管理、AI 智能优化控制管理、能源设备设施智能管理的联动局面。在人工智能背景下，智慧建筑具备智能感知、高效传输、自主控制、自主学习、智能决策、自组织协同、自进化、个性化定制等特征，应用场景包括：建筑物故障诊断预测与健康管理、建筑环境舒适节能智能控制、建筑能源互联网及能源大数据、建筑施工机器人、建筑维保机器人、保安巡逻机器人、消防机器人、基于深度学习的智能视频分析、出入口生物特征识别、智慧家庭、智慧社区、智慧工地、装配式建筑、BIM 项目管理、智慧管网（廊）、智慧轨道交通、智慧隧道桥梁、智慧停车场、数字孪生建筑、建筑 VRAR 仿真与体验、建筑运维管理平台商业大数据分析、建筑群体智能、建筑设计智能、建筑规划智能等。[11]

人工智能驱动的建筑管理系统可跟踪占用情况、天气、使用模式等，有效调节照明、供暖和制冷。AI 算法可以收集和分析建筑的能源消耗数据、环境数据和运行数据，筛选出对能源消耗有显著影响的关键特征，并进行可视化分析，从而训练出最优的算法模型应用于能源管理。当 AI 算法中台与物联网设备相连接，可以实时获取信息并进行智能决策控制，实现节能降碳的效果。以谷歌 Deep Mind 模型应用于数据中心节能为例，其能够预测数据中心未来一小时内的温度和压力，以服务器温度为控制目标，确定最大限度减少能源消耗的管理方案，相比传统人工控制模式，能够减少冷却能耗 40%，减小 PUE 值 15%。

（2）推进开展"光储直柔"。

"光储直柔"建筑新型能源系统是一种集光伏发电、储能、直流配电和柔性用电于一体的系统，实现建筑与电网之间的友好互动。"光储直柔"系统采用光伏发电技术，通过安装在建筑物上的太阳能电池板，将太阳能转化为电能，为建筑提供电力供应；系统配备储能设备，储存白天光伏发电产生的多余电能。当夜晚或阴天无法产生发电时，建筑可以从储能设备中获取电能，实现电力持续供应。系统采用直流配电方式，将直流电能直接分配到建筑内部的各电器设备中，避免传统交流电转换过程的能量损失，提高能源利用效率，减少电能传输损耗。系统具备智能柔性用电功能，通过智能控制系统，可以根据建筑内部的用电需求进行灵活调节和管理，可根据电网负荷情况和电能价格波动，优化柔性用电策略，降低用电成本和调整用能方式。

5.5 能 效 展 望

预计未来几年内我国人口数量将继续呈现下降趋势，建筑面积还有增长空间，面积峰值时间为 2035－2040 年，之后逐步下降。综合人口、面积、经济等因素，根据模型的基础情景预测值，预计 2025、2030、2060 年，我国北方供暖能耗强度分别为 12、8、6kgce/m^2，城镇住宅建筑能耗强度分别为 800、770、640kgce/户，农村住宅建筑能耗强度分别为 1350、1220、1000kgce/户，公共建筑建筑能耗强度分别为 28、20、14kgce/m^2。我国建筑领域产值能耗走势如图 5-1 所示。

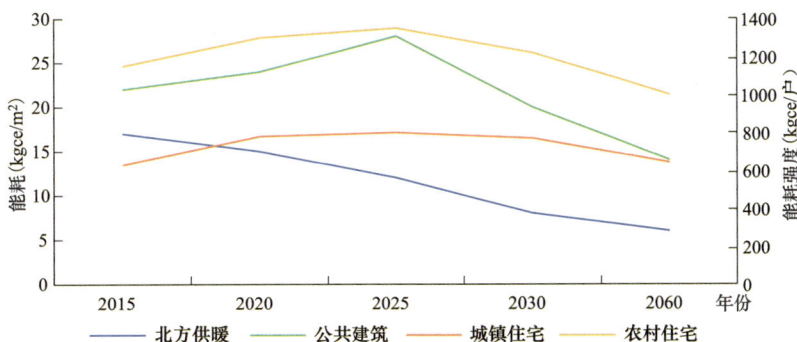

图 5-1　我国建筑领域产值能耗走势

（本章撰写人：唐伟、张玉琢　审核人：王成洁）

6

交通领域能效提升路径及发展趋势

6.1 有序推进交通运输电气化转型

分阶段、分领域推进电气化转型。在公路领域提升新能源汽车、新能源中重型货车等商用车渗透率，到 2035 年，新能源汽车成为新销售车辆的主流，销售占比超过 60%；在铁路领域进一步提升铁路电气化率和电力机车承运比重，到 2030 年，铁路电气化率达到 78% 以上，电力机车占比力争达到 70% 以上，铁路场站内车辆装备逐步实现新能源化；在公共交通领域，推动纯电动公交车的全覆盖、轨道交通技术水平提升，2030 年较 2020 年城轨综合能耗强度下降大于或等于 15%，牵引能耗强度下降大于或等于 15%。商用车电动化技术及趋势如图 6-1 所示。

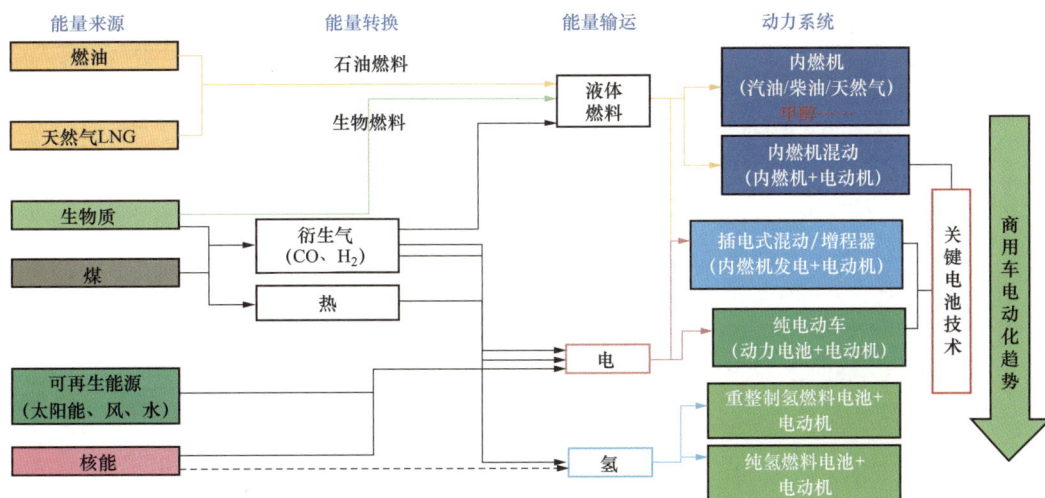

图 6-1 商用车电动化技术及趋势

6.2 推进氢能在交通运输领域的技术研发及场景应用

《氢能产业发展中长期规划（2021－2035 年）》中提到："有序推进氢能在交

通领域的示范应用，结合道路运输行业发展特点，重点推进氢燃料电池中重型车辆应用，有序拓展氢燃料电池等新能源客、货汽车市场应用空间，逐步建立燃料电池电动汽车与锂电池纯电动汽车的互补发展模式"。积极探索燃料电池在船舶、航空器等领域的应用，推动大型氢能航空器研发，不断提升交通领域氢能应用市场规模。到 2030 年，形成较为完备的氢能产业技术创新体系、清洁能源制氢及供应体系，产业布局合理有序，可再生能源制氢广泛应用；2035 年，形成氢能产业体系，构建涵盖交通、储能、工业等领域的多元氢能应用生态。可再生能源制氢在终端能源消费中的比重明显提升。应用于交通运输领域的"电–氢耦合"流程如图 6-2 所示。

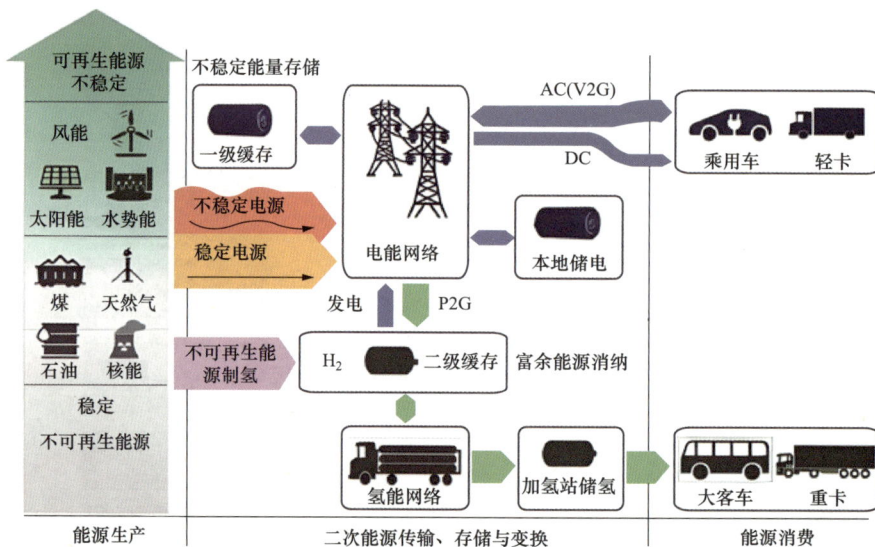

图 6-2　应用于交通运输领域的"电–氢耦合"流程[12]

6.3　持续推进交通运输结构优化调整

完善国家铁路、公路、水运网络，推动不同运输方式合理分工、有效衔接。按照"宜水则水、宜陆则陆、宜空则空"的原则，充分发挥各种运输方式的比较优势和组合效率，加快发展水路、铁路等绿色运输方式。加强公路货运治理，推动大宗货物和中长途货运"公转铁"、港口集疏运"公转水"，积极推进京津冀地区、晋陕蒙煤炭主产区、东北地区等重点地区大宗货物运输绿色低碳转型。2030年，铁路客货周转量全社会占比分别达到48%以上和22%以上，集装箱铁水联运量保持较快增长。

6.4　推进交通基础设施与智能电网融合发展

交通与能源融合发展是交通运输工作的重点内容，是交通运输工程学科的前沿热点方向，是建设近零碳服务区和绿色公路的重要技术支撑，是实现交通"碳达峰碳中和"的重要路径。要继续推动绿色低碳港口、机场、车站建设，探索枢纽场站智慧能源管理系统研发应用。分区域构建综合交通枢纽场站"分布式光伏+储能+微电网"的交通能源系统，因地制宜研究交通路网沿线光伏发电设施建设。加快充换电、加气、加氢等设施建设，加快岸电设施建设和使用。重点推动新能源汽车、信息技术、人工智能等领域已取得成果的加速融合，探索在共享出行、电动汽车参与电网调峰等方面的商业模式创新。2040年左右实现交通基础设施绿色化建设比例达到95%以上。交通能源融合发展路径如图6-3所示。

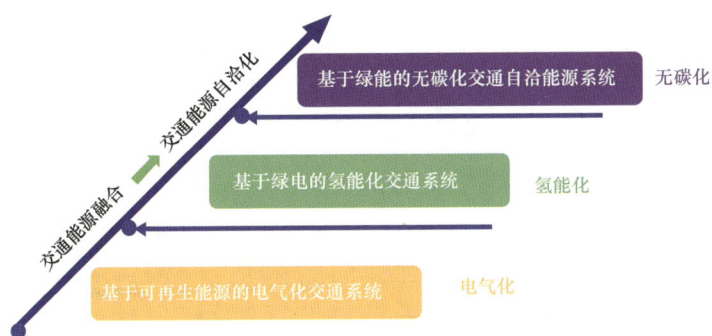

图 6-3　交通能源融合发展路径[13]

6.5　持续提升交通运输智能化管理能力

　　智慧交通系统结合了先进的信息技术、数据分析和自动化控制，能够实时监测、调度和优化运输过程中的每个环节，从而实现更高效、更节能的运输方式，在提高交通流量、减少能耗、降低排放、优化整体交通效能方面具有广阔的发展前景。要加快建设综合立体交通网，大力发展以铁路、水路为骨干的多式联运。加快发展新能源，加快构建便利高效、适度超前的充换电网络体系，加强车网互动技术的研发应用，探索推广有序充电、V2G 车网互动等形式，实现电动汽车与电网的系统互动，探索单位和园区内部充电设施开展"光-储-充-放"一体化试点应用。交通运输智能化管理场景如图 6-4 所示。

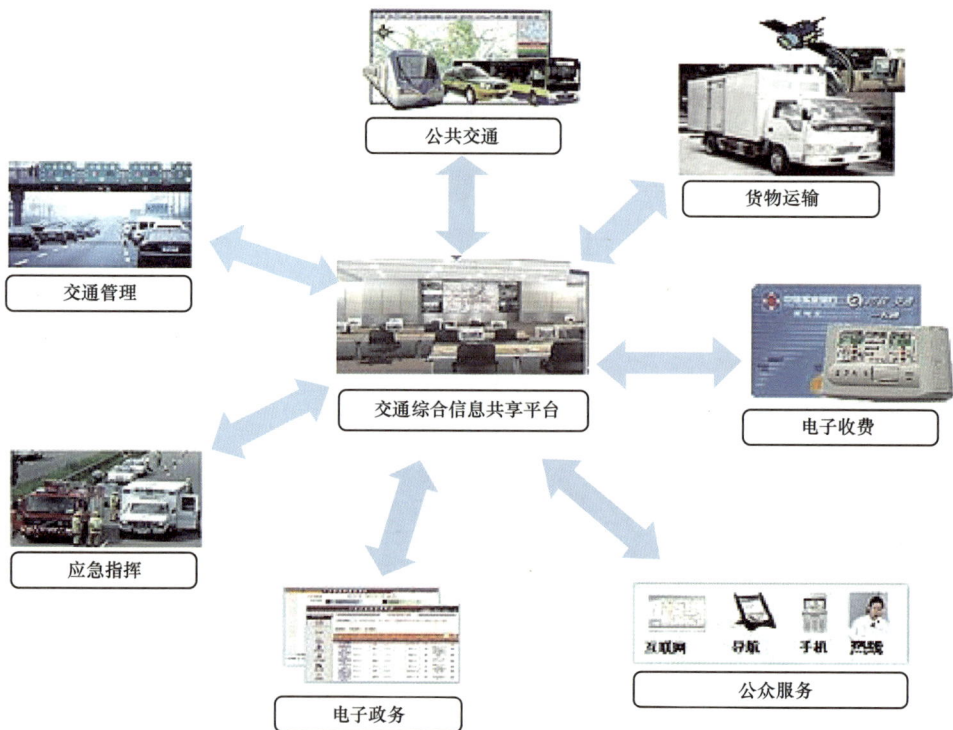

图 6-4　交通运输智能化管理场景

6.6 能 效 展 望

根据模型的基础情景预测值，预计 2025、2030、2060 年，公路运输单位运输周转量能耗将分别下降至 320、310、264kgce/（万 t·km），水路运输单位运输周转量能耗将分别下降至 29、26、22kgce/（万 t·km），铁路运输单位运输周转量能耗将分别下降至 37、34、24kgce/（万 t·km），航空运输单位运输周转量能耗将分别下降至 4101、4094、3960kgce/（万 t·km）。我国交通领域产值能耗走势如图 6-5 所示。

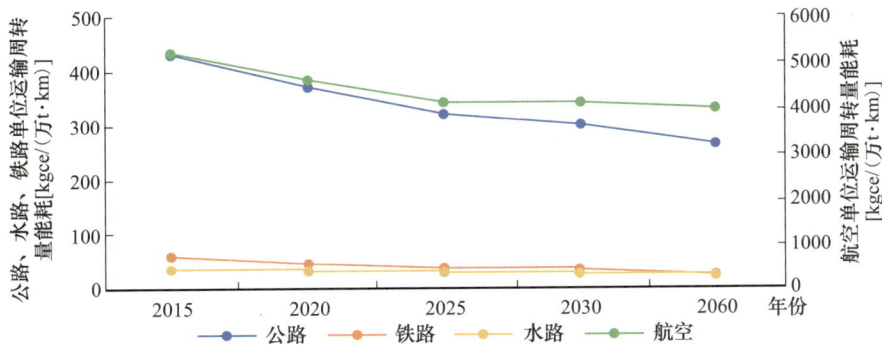

图 6-5　我国交通领域产值能耗走势

（本章撰写人：王成洁、张玉琢　审核人：吴鹏）

7

农业领域能效提升
路径及发展趋势

7.1　农业能效提升关键举措

农业领域能效提升主要依托农村地区分布式光伏资源优势，逐步建立绿色低碳的生产生活方式，加速数字化农业发展。主要从推广节能节电等的农机化技术、推广秸秆综合利用、打造生态低碳农业能源供应链等三方面提升农业领域能效。

推广节能节电等的农机化技术。加快老旧农机报废更新力度，推广先进适用的低碳节能农机装备，降低化石能源消耗和二氧化碳排放。推广新能源技术，优化农机装备结构，加快绿色、智能、复式、高效农机化技术装备普及应用。

推广秸秆综合利用。坚持农用优先、就地就近，以秸秆集约化、产业化、高值化为重点，推进秸秆综合利用。持续推进秸秆肥料化、饲料化和基料化利用，发挥好秸秆耕地保育和种养结合功能。推进秸秆能源化利用，因地制宜发展秸秆生物质能供气供热供电。拓宽秸秆原料化利用途径，支持秸秆浆替代木浆造纸，推动秸秆资源转化为环保板材、炭基产品等。

打造生态低碳农业能源供应链。推动农业农村废弃物资源化利用，发展生物质能等清洁能源，促进农村生产生活节能降耗。积极开展可再生能源替代，因地制宜推广应用生物质能、太阳能、风能、地热能等绿色用能模式，增加农村地区清洁能源供应。推动农村取暖炊事、农业生产加工等用能侧可再生能源替代，强化能效提升。[14]

7.2　能效提升及降碳路径

（1）近期提高农业投入利用效率。

农业碳排放在这一时期开始缓慢下降。农业投入利用效率的提高能够节约大量的农资生产费用，降低农业生产成本，可以通过调整作物生产方式、改善畜禽管理和能源结构转型等来减少农业生产碳排放。第一，作物生产方面，通过肥料管理、灌溉管理等方式，减少温室气体排放的同时增加作物单位面积产量。第二，畜禽管理方面，主要以提高饲料转换效率为目标，通过饲养更高效的畜产品、提高动物健康等措施，节约生产资料的投入并减少温室气体的排放。第三，能源使用方面，推动农业机械装备向新能源转型，以氢或电力替代化石能源使用。第四，发布农业农村减排固碳技术目录。加强减排固碳技术指导、技术培训和技术服务。健全农业农村减排固碳标准体系，制修订一批国家标准、行业标准和地方标准。第五，农业碳排放权、农业碳汇市场建设步伐也将加快，虽然目前农业碳排尚未纳入中国碳排放权交易体系，但温室气体自愿减排碳交易活动中包含了农业减排项目，相信未来农业减排项目也将会在碳汇市场上发育并活跃起来。

（2）中期统筹农业碳排放和发展。

农业碳排放在这一阶段迅速下降，中国进入农业碳减排关键战略时期。推进农业碳中和实现过程中，要立足中国农业发展实际，统筹考虑农业能源使用、农业经济发展、农村民生保障、成本投入等诸多因素，科学制定减排时间表和具体路线。同时考虑到农业碳中和计划实施的长时效性，需要合理地分阶段化分解目标，严把碳排放总量目标和分解指标，做到有保有压。扩大与相似碳源排放国家之间的国际合作，为各类农业减排措施的实现提供更大的资金链条，减轻政府资金压力，发挥农业碳中和在中国"双碳"目标实践中的重要作用。

（3）远期全面实现农业低碳生产。

农业的碳排放量相对较低，阶段性的目标是不断完善和强化碳减排措施和抵消措施，以如期实现农业碳中和目标。在这一阶段，主要的碳减排措施包括改善农田排灌方式、使用清洁能源和采用低碳农业技术等，碳抵消措施为开发生物质能源等。把握好中美、中欧、中国与共建"一带一路"国家和地区在清洁能源与气候变化合作方面的机遇，持续推动低碳技术创新、绿色标准规则的合作。同时，积极参与全球气候治理，贡献中国力量和中国智慧，通过与进口农产品的国家发展战略伙伴关系，改进本国农业生产技术，生产进口农产品的替代品，帮助农产品进口国降低农业碳排放，助力国际农业减排。

7.3 能效展望

　　预计 2025、2030、2060 年，农业领域整体能耗分别为 72、68、38kgce/万元，实现高标准农田、全电景区、农产品加工等配套电力设施投入，较 2015 年减少约 50%。粮食生产、农产品加工包装、仓储保鲜、冷链物流等全产业链电能替代，2050 年，农业领域碳排放量降低至 2005 年的一半；电气化、氢能等在农业领域中的应用比例大幅提升。

（本章撰写人：谭清坤、张玉琢　审核人：张煜）

8

专题一：我国单位 GDP 电耗发展分析

我国单位 GDP 电耗自 2020 年开始由降转升，且连续 4 年上升。从数据分析结果来看，我国单位 GDP 电耗上升的主要动因：一是四大高耗能行业用电量占比上升，虽然单位 GDP 电耗均呈小幅下降态势，但由于电耗水平远高于其他行业，对全社会电耗影响较大；二是部分新能源产业链产值电耗和用电量占比双升，电气机械和器材制造业、非金属矿物制品业、通用设备制造业、汽车制造业等与新能源产业密切相关的行业单位 GDP 电耗和用电量占比均上升，对全社会电耗有一定推动性；三是第一产业、第三产业单位 GDP 电耗上升，由于第一产业、第三产业电耗一直处于较低水平，即便出现上升，对全社会的影响较小。深层次看，一是现阶段经济发展对高耗能行业的需求提升；二是能源结构转型升级拉动部分能耗水平高的新型产业发展规模扩大。

8.1　近年我国单位 GDP 电耗

第二产业单位 GDP 电耗自 2019 年起由趋势性回落变为上升。2011－2019 年，我国单位 GDP 电耗整体呈现下降趋势，但自 2020 年开始，已经连续 4 年增长。从三大产业产值电耗来看，第一产业一直呈现稳步上升态势，第二产业自 2019 年起开始由降转升，第三产业自 2018 年经过一次大幅下降后开始逐年上升（见图 8-1）。

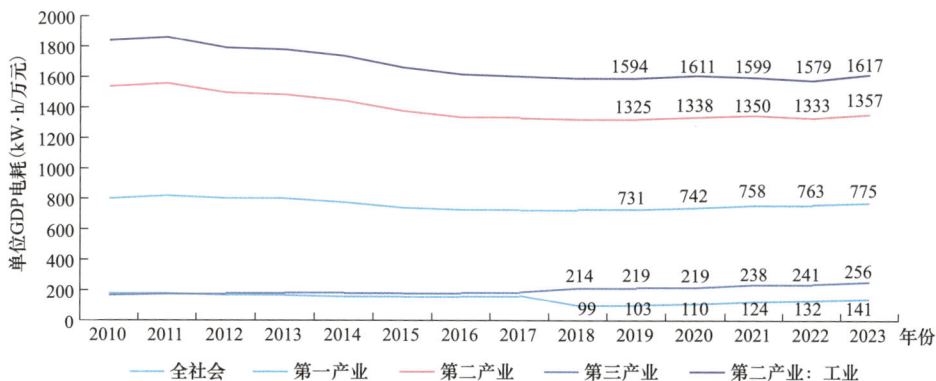

图 8-1　2010－2023 年全社会三产及工业单位 GDP 电耗变化

自 2019 年起，工业增加值与工业用电量增速之间的差距快速缩小，2023 年工业用电量增速明显高于工业增加值增速。2019 年前，工业增加值增速整体高于工业用电量增速；2019 年起，二者高度接近；2023 年，工业用电量增速明显高于工业增加值增速（见图 8-2）。

图 8-2　2011－2023 年工业用电量增速和工业增加值增速对比（2010 年可比价）

工业细分行业中，有色金属冶炼及压延加工业、黑色金属冶炼及压延加工业、化学原料及化学制品制造业在单位产值电耗、用电量占比、产业增加值增速方面均处于较高水平。2023 年，有色金属冶炼及压延加工业、黑色金属冶炼及压延加工业、化学原料及化学制品制造业单位产值电耗位居前五，分别为 5473 万、3651 万、2435 万 kW·h/亿元；用电量占工业用电量比重位居前四，占比分别为 13.3%、10.7%、9.6%；产业增加值增速分别为 9.2%、7.5%、10.1%（见图 8-3 和图 8-4）。

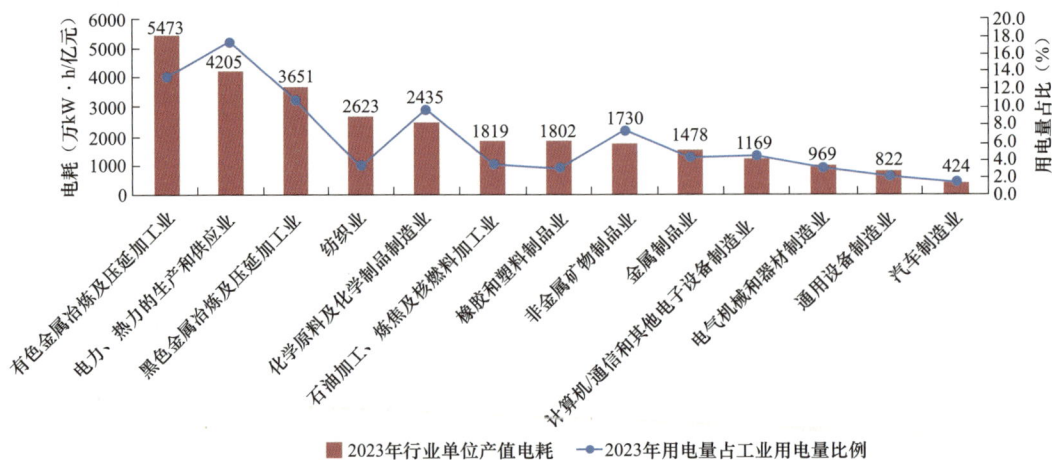

图 8-3　2023 年主要细分行业产值电耗及用电量占比（2010 年可比价）

  工业细分行业中，用电量占比较高（大于 **2%**）、且用电量增速与产业增加值增速差距较大的行业为电气机械和器材制造业、纺织业、非金属矿物制品业、计算机/通信和其他电子设备制造业、石油/煤炭及其他燃料加工业、通用设备制造业、橡胶和塑料制品业。其用电量增速与产业增加值增速差距分别为 15.1、10.4、7.1、6.4、4.9、4.1、2.6 个百分点（见图 8-5），单位产值电耗分别为 969 万、2623 万、1730 万、1169 万、1819 万、822 万、1802 万 kW·h/亿元。

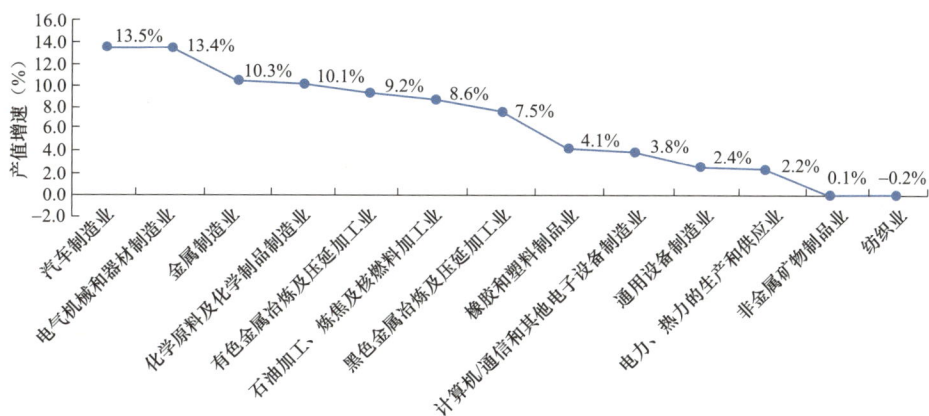

图 8-4 2023 年主要细分行业产值增速（2010 年可比价）

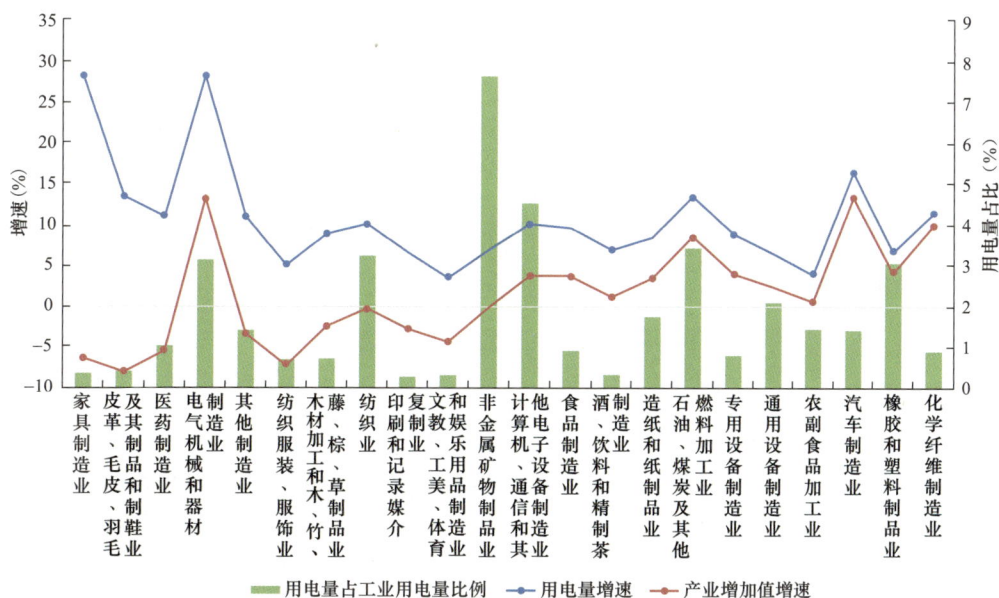

图 8-5 2023 年主要细分行业用电量增速与产业增加值增速对比

8.2 原 因 分 析

全社会单位 GDP 电耗上升直接关联因素为：工业单位 GDP 电耗上升，一产和三产单位 GDP 电耗上升也带来少量影响。

四大高耗能行业产值电耗下降，但用电量占比上升，直接推动工业领域产值电耗上升。2023 年相比 2022 年，四大高耗能行业虽然产值电耗下降，但由于产值电耗相比其他行业处于高水平，且用电量占比均上升，推动整个工业单位产值电耗上升。

部分细分行业单位产值电耗上升进一步推动工业领域产值电耗上升。2023 年，用电量占比较高且工业用电量增速高于工业增加值增速（单位 GDP 电耗上升）的细分行业包括电气机械和器材制造业、纺织业、非金属矿物制品业、计算机/通信和其他电子设备制造业、通用设备制造业、汽车制造业，且用电量占比相比 2022 年均升高。

其中，电气机械和器材制造业（涵盖光伏设备及元器件）、非金属矿物制品业（与新能源材料有关）、通用设备制造业（涵盖风能原动设备）、汽车制造业（涵盖新能源汽车整车制造）与新能源产业密切相关，说明新能源产业链生产能耗在上升，一定程度上推动了工业和第二产业能耗的上升。

整体来看，2023 年工业单位 GDP 电耗上升直接关联因素为：工业用电量增速高于工业增加值增速。细分原因为四大高耗能行业用电占比增加、部分新能源产业链产值电耗和用电量占比双升。深层次看，一是反映了现阶段经济社会发展对高耗能行业的需求提升；二是能源结构转型升级后，部分能耗水平高的新型产业发展规模扩大。

8.3 全社会单位 GDP 电耗预测

电气化率提升是能源变革的关键环节，新能源发展是能源变革的重要基础，结合当前稳经济发展的外部环境。预计，2030 年前，高耗能行业用电量占比不会出现较大程度下降，能源系统电气化水平进一步提升，部分新型高用电行业进一步发展。

综上，预计 2030 年前，我国工业用电量增速高于工业增加值增速的情况将持续，单位 GDP 电耗保持小幅上升态势；2030 年后，随着新型产业对经济发展支撑能力的提升，高耗能行业用电量占比将出现一定幅度下降，单位 GDP 电耗将再次呈现下降趋势。

（本章撰写人：王成洁　审核人：张玉琢）

9

专题二：工业重点行业及技术领域关键节能降碳技术

工业领为支撑我国经济高质量发展的重点支柱，近年来得到我国高度重视。在我国"双碳"目标加快推进背景下，推动工业领域高效化、低碳化发展需求愈加迫切，其中，工业和信息化部近期结合十二个重点行业和领域的技术进展，出台了《国家工业节能降碳技术应用指南与案例（2024 年版）》，为相关创新技术的广泛推广和深化应用提供了有效指引和支撑。[15]

9.1　工业重点行业及技术领域关键节能降碳技术原理

本专题聚焦钢铁、有色金属、石化化工、建材等四大高耗能行业，以及系统能量提及利用、智慧能源管控两类关键技术领域，共 25 项工业节能降碳先进技术，简要阐述了相关技术的主要原理（见图 9-1）。

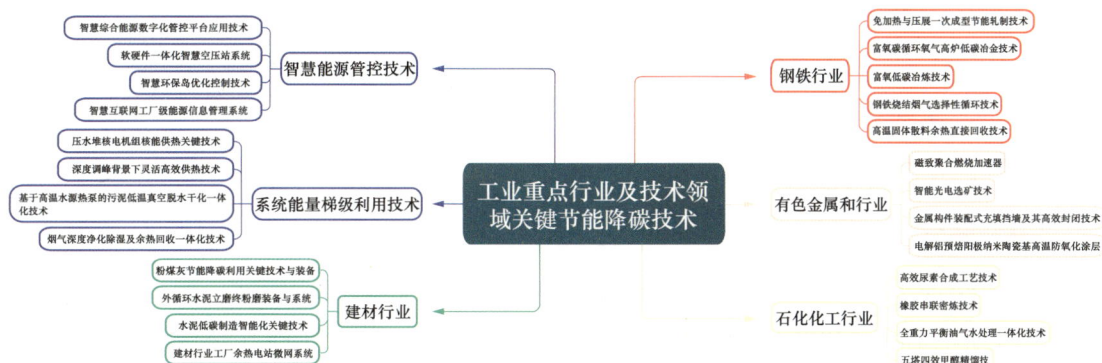

图 9-1　工业重点行业及技术领域关键节能降碳技术

1. 钢铁行业

（1）免加热与压展一次成型节能轧制技术。

采用热展成型设备，无须使用加热炉，充分利用熔融态钢坯的热量提高连铸钢坯温度，在连铸工序精准控制钢坯温度，直接进行热轧制，实现免加热轧制。通过连续多次微压，防止热金属在轧制压下过程产生宽展，实现钢型材或零部件无宽展成型。

（2）富氢碳循环氧气高炉低碳冶金技术。

开发新型高炉和冶金煤气回收装置，高炉煤气经回收装置进行脱碳处理变成氢气。采用多介质复合喷吹技术，将加热后的氢气送入高炉作为冶炼还原剂，脱碳产生的二氧化碳通过碳捕集技术进行收集，充分利用煤气热值和化学能，实现冶金煤气循环利用和富氢全氧冶炼，比同容积高炉生产效率提高 40%。

（3）富氢低碳冶炼技术。

开发冶金用氢气一体化大规模供应系统和高炉多模式喷氢装备，根据高炉冶炼反应工况自动控制氢气流量，气通过高炉风口或炉身下部喷吹到高炉内。利用氢代替碳作为炼铁过程还原剂及燃料，纯氢气喷吹量可达 1800m³/h，降低焦比 10%以上。

（4）钢铁烧结烟气选择性循环技术。

基于烧结风箱烟气排放特征的差异，选择特定风箱段烟气除尘后在烧结台车表面循环利用，降低烧结烟气和污染物排放总量。通过优化循环热风参数，烟气显热供给烧结混合料，进行热风烧结，改善表层烧结矿质量，实现节能减污降碳协同治理。

（5）高温固体散料余热直接回收技术。

采用固体散料冷却及余热回收一体化装置，无须引入中间气体换热介质，直接回收高温固体散料显热。高温固体颗粒利用自身重力向下缓慢流动，通过移动散料填充床，以固体换热方式与锅炉汽水受热管进行一次换热。通过换热直接产生高品质过热蒸汽进行发电或供热等其他工业用处。

2. 有色金属行业

（1）磁致聚合燃烧加速器。

采用磁螺旋增进装置，对进入阳极焙烧炉燃烧室的天然气甲烷分子团施加梯度磁场。甲烷分子团在大磁场强度梯度段被排斥及磁化后，其逆磁性质量磁化率大幅提升，减少天然气与氧气磁化率的绝对值差值。该装置使甲烷分子更易与在燃烧室内带顺磁性的氧气分子结合燃烧，燃烧过程更充分，温度场更均匀。

（2）智能光电选矿技术。

原矿在通过皮带传输或进入环形入料口自由落体时采集多种光线进行穿透照射成像。图像进入计算机人工智能系统分析识别，识别数据用于精准捕捉矿石位置和控制喷阀打击矿石，使其落入相应区域，以完成分选过程。整个分选过程只需几毫秒，每秒可处理 3000～10 000 颗矿石的全自动分选。

（3）金属构件装配式充填挡墙及其高效封闭技术。

采用弧形墙体结构，主体包括内凸式弧形装配式骨架、钢筋网层和土工织物脱水封闭层 3 层。利用拱结构原理，构建弧形钢骨架作为主要受力单元。弧形钢梁可以适应微小变形，将所受载荷传导至两侧岩体，充分发挥结构自承载能力，有效提高墙体整体稳定性。弧形钢梁能够完全替代钢筋混凝土挡墙，降低水泥用量。

（4）电解铝预焙阳极纳米陶瓷基高温防氧化涂层。

将纳米陶瓷基高温防氧化涂层材料喷涂在铝电解槽的阳极炭块侧表面，加热到 400℃时，涂层材料晶粒收缩，晶粒间隙小于气体分子直径，形成坚固致密的陶瓷基隔绝层，可阻止周围的高温空气、二氧化碳和电解质蒸汽对阳极炭块的氧化侵蚀，实现炭块的隔绝保护。在恒定的电流强度下，与无涂层阳极相比，涂层阳极的使用寿命延长 1～1.5 天。

3. 石化化工行业

（1）高效尿素合成工艺技术。

采用两段法尿素合成技术，将合成反应分成两个流程：第一步生成甲铵反应，采用低氨气/二氧化碳比和高水/二氧化碳比，提高甲铵冷凝温度，副产压力更高的低压蒸气；第二步生成尿素反应，采用高氨气/二氧化碳比和低水/二氧化碳比，获得更高合成转化率。未反应物料的分解回收部分后移至中压系统，尿素蒸气消耗低于 650kg/t。

（2）橡胶串联密炼技术。

采用全封闭式上下工位密炼机，上密炼室容量小填充系数大，下密炼室容

107

量大填充系数小。通过提高散热性降低生热速度，保证下工位的恒温反应，满足对温度敏感新型胶料的密炼要求，可实现胶料低温炼胶。混炼工艺合为一段，胶料混炼时间缩短，热量损失小，无需经过挤出压片和置于空气中冷却，无污染废气排出。

（3）全重力平衡油气水处理一体化技术。

采用多腔室重力流体平衡系统装置，该装置集成全重力平衡油气水处理、加药、气浮、反冲洗设备。在全压力平衡条件下利用重力实现管道段塞流体稳定气液分离、定向加热、小腔室微电场电脱水、净水沉降、净油沉降、自气浮、自冲洗等功能，且全程密闭，无挥发性有机物排放，无固废、液废外排。

（4）五塔四效甲醇精馏技术。

通过优化甲醇精馏工艺装备系统设计，在"3+1"塔的四塔双效基础上，增加 1 台加压塔，3 台加压塔之间相互热耦合，可为预精馏塔提供足够热量，实现能量梯级利用。同时增加蒸气减压闪蒸罐，实现蒸气和蒸气凝液合理利用，塔釜增加釜液缓冲罐，提高系统稳定性。采用 DCS 智能化管控系统控制精馏系统，灵敏度高，响应快、操作方便。

4. 建材行业

（1）粉煤灰节能降碳利用关键技术与装备。

研发新型干法节能型立式研磨装备，物料通过上部喂料装置进入磨机，研磨介质和物料作整体多维循环运动和自转运动，精准匹配研磨整形所需能量，成品由下部卸料口排出。利用研磨介质之间的摩擦力、挤压力、剪切力和冲击力研磨物料，研磨整形后的粉煤灰可替代部分水泥熟料。

（2）外循环水泥立磨终粉磨装备与系统。

采用外循环式水泥终粉磨立磨作为唯一研磨装备并配套"外循环立磨+粗选选粉机+精选选粉机"工艺系统。所有物料从外循环立磨粉磨后经粗磨提升机全部通过外置式粗选选粉机进行初级分选。分选后粗料再次进入外循环立磨粉磨，细料进入二级精选选粉机再次进行分选，分选后细料中的粗粉返回外循环立磨继续粉磨，细料中的细粉作为成品经大布袋收集入库。

（3）水泥低碳制造智能化关键技术。

构建水泥低碳制造的智能化运营体系，该体系涵盖先进过程控制系统、智能联合储库物料处理系统、在线质量控制和智能设备监测优化系统等。在生产操作、原燃料处理与搭配、质量控制、设备运维等方面解决大规模使用复杂替代燃料所带来的热工、质量波动以及设备劣化加速问题，实现大比例复杂替代原燃料使用条件下的全流程智能化高效生产运行。

（4）建材行业工厂余热电站微网系统。

将工厂窑炉系统产生的余热转换为电能，供给窑炉系统的用电设备使用，富余发电量用作工厂其他设备的用电负荷，形成发电用电自循环。智能检测判断外部电源状态，通过投切自动装置实现在外网失电、电能质量不佳时余热发电系统进入微网模式。采用快速调节系统、电平衡装置等实现微网模式下电能参数的快速调节，保证极端工况下余热发电系统在微网模式下稳定运行。

5. 系统能量梯级利用技术

（1）压水堆核电机组核能供热关键技术。

针对大型压水堆核电机组，采用安全可靠的汽轮机高压缸排汽冷端对称抽汽和多功率平台热电联产下堆－电－热协调控制技术、供热回路间物理隔离及换热器泄漏监测等技术，实现世界最大单机组抽汽规模 1500t/h、机组总功率控制精度偏差小于 1% 的核热电联产能力，确保核电机组在热电联产模式下安全稳定运行和居民用热安全。

（2）深度调峰背景下灵活高效供热技术。

自主研发低位能、低压缸微出力及高低旁联合供热技术。通过低位能供热模式，低位能、热泵和低压缸微出力联合供热模式以及低位能、热泵、低压缸微出力和高低旁联合供热模式 3 种供热模式组合调整。在适应电网不同调峰深度需求的同时，最大限度利用机组乏汽供热。

（3）基于高温水源热泵的污泥低温真空脱水干化一体化技术。

集成物料脱水和干化工序，基于低温真空干化原理，一次性大幅降低污泥含水率，同时降低污泥热干化的热源温度及汽化温度。应用高温水源热泵技术，保证设备在低温状态运行，实现污水中低品位热能高效回收利用及高温供水，促进污水资源化、能源化。

（4）烟气深度净化除湿及余热回收一体化技术。

利用溶液吸湿原理，使溶液对烟气进行直接接触喷淋，吸收湿烟气中的水蒸气，同时吸收烟气中二氧化硫、粉尘等有害物质，实现烟气汽化潜热回收和保证烟气洁净排放，不产生"二次气溶胶"，避免腐蚀烟囱。系统稳定，可较好地适应锅炉负荷波动带来的影响。

6. 智慧能源管控技术

（1）智慧综合能源数字化管控平台应用技术。

对企业内供配电、空调等系统进行智慧化改造，建立重点设备、产线、班组、车间、部门、厂区等分级计量、诊断评价、优化调控系统、网络通信系统及能源集中调度中心。通过能源可视化、运行监控、设备运维、资产管理、优化调度等功能，将人工智能算法和专家知识有机结合，实现对水、电、空压气、蒸气、冷、暖、污水等的统一调度。

（2）软硬件一体化智慧空压站系统。

利用智能计算服务平台、边缘计算系统、流量需求控制系统，把控产气、输送和用气环节，实现产、输、用气各环节信息实时响应和基于空压系统全过程节能。采用最小二乘支持向量机和等功率变化率法，建立用气流量预测模型和空压机群策略，智能分配控制机间流量。合理配置高能效设备，统一调度系统管网，利用多功能算法，实时调节供气压力和流量。

（3）智慧环保岛优化控制技术。

通过人工智能、大数据、数字孪生等技术，针对燃煤电厂除尘、脱硫、脱硝等烟气治理设备的运行特性，动态控制调整各设备运行状态，实现环保岛自动化运行，提升系统运行效率，采用工业级设备智慧控制和故障预警技术，在实现环保岛各设备稳定运行和烟气超低排放的同时，达到智能化运维。

（4）智慧互联网工厂级能源信息管理系统。

基于网格化的设计理念，以源储网荷备为最小能源单元，电压、电流、功率、电量为最小数据采集单元，采用分层分类层级结构设计，能够为配电房、空压站、冷媒站、污水站等场景实现现场管理、监测、预警，为系统用能提供全面实时监测、能耗数据可视化分析、数据可靠化管理等服务。

9.2　工业重点领域关键节能降碳技术典型案例

本课题针对六项关键重点工业行业及技术领域，分别遴选六个典型技术应用案例，深入介绍项目基本情况、技术改造内容，以及节能降碳效果和经济效益。

1. 富氢低碳冶炼技术

（1）项目基本情况：技术提供单位为江苏沙钢集团有限公司，应用单位为张家港中美超薄带科技有限公司。该项目为新建项目，主要耗能种类为电力、天然气、焦炉煤气、氮气、氧气和压缩空气，年产超薄带钢 50 万 t，项目综合能耗为 16 219.1tce/年。

（2）主要技术改造内容：应用铸辊辊型渐进式设计技术和带钢表面粗糙度控制技术，改进水口设计，增设四辊轧机、超强精密气雾冷却装置、双剪刃耦合飞剪等成套装备。2018 年 1 月实施建设，实施周期 28 个月。

（3）节能降碳效果及投资回收期：建设完成后，单位产品工序能耗为 32.438kgce/t，实现节能量 28 万 tce/年，二氧化碳减排量 75 万 t/年。投资额为 8 亿元，投资回收期为 7 年。

2. 智能光电选矿技术

（1）项目基本情况：技术提供单位为赣州好朋友科技有限公司，应用单位为中金岭南凡口铅锌矿。改造前选矿厂全模全选，年处理量约 150 万 t，主要耗能种类为电力，选矿环节耗电量为 8452.5 万 kW·h/年。

（2）主要技术改造内容：利用原有矿仓及破碎系统（颚式破碎机、圆锥破碎机、棒磨机）进行破碎，新安装智能光电选矿设备、跳汰机、立式冲击式破碎机、震动脱水筛及辅助设备设施。2019 年 6 月实施节能改造，实施周期 2 年。

（3）节能降碳效果及投资回收期：改造完成后，减少选厂废石量 8.5 万 t/年，减少用电量 479 万 kW·h/年，实现节能量 1485tce/年，二氧化碳减排量 3950t/年。投资额为 6200 万元，投资回收期为 2 年。

3. 高效尿素合成工艺技术

（1）项目基本情况：技术提供单位为中国五环工程有限公司，应用单位为安徽昊源化工集团有限公司。改造前主要耗能种类为蒸汽、电、循环水，年生产 40 万 t 合成氨、70 万 t 尿素原料，单位产品能耗为 161.1kgce/t。

（2）主要技术改造内容：更换尿素合成及回收框架，新建二氧化碳压缩厂房、造粒塔和配套公用工程。2019 年 10 月实施节能改造，实施周期为 22 个月。

（3）节能降碳效果及投资回收期：改造完成后，单位产品能耗降低 34.62kgce/t，实现节能量 24 234tce/年，二氧化碳减排量 64 462t/年。投资额为 6000 万元，投资回收期为 1.6 年。

4. 粉煤灰节能降碳利用关键技术与装备

（1）项目基本情况：技术提供单位为厦门艾思欧标准砂有限公司，应用单位为福能环保新材（泉州）有限责任公司。改造前使用传统的球磨机加工处理粉煤灰，主要耗能种类为电力，年加工粉煤灰约 30 万 t 左右，单位产品能耗 8kgce/t。

（2）主要技术改造内容：安装新型干法立式研磨机，配套粉煤灰无损剥离关键工艺技术和激光粒度检测在线分析系统，增设刚玉材质衬板和研磨介质。2020 年 1 月实施节能改造，实施周期 2 年。

（3）节能降碳效果及投资回收期：改造完成后，单位产品能耗降低至

4.96kgce/t，实现节能量 912tce/年，二氧化碳减排量 2426t/年。投资额为 1196 万元，投资回收期为 2 年。

5. 深度调峰背景下灵活高效供热技术

（1）项目基本情况：技术提供单位为国能龙源蓝天节能技术有限公司，应用单位为国电电力大同第二发电厂。改造前电厂供热汽源采用中排抽汽，主要耗能种类为煤炭，年供热量 1314 万 GJ，单位产品能耗为 24.95kgce/GJ。

（2）主要技术改造内容：增设热网凝汽器，新增电动隔离阀和更换旁路阀，更换锅炉给水再循环阀，加装空冷封堵装置，改造汽轮机本体、抽真空、空冷系统及控制系统。2019 年 1 月实施节能改造，实施周期 3 年。

（3）节能降碳效果及投资回收期：改造完成后，单位产品能耗降低至13.08kgce/GJ，实现节能量 15.59 万 tce/年，二氧化碳减排量 41.46 万 t/年。投资额为 4 亿元，投资回收期为 3 年。

6. 智慧互联网工厂级能源信息管理系统

（1）项目基本情况：技术提供单位为珠海格力电器股份有限公司，应用单位为珠海凯邦电机制造有限公司。改造前用能设备采用人工操作，主要耗能种类为电力和天然气，年耗电量 2000 万 kW·h。

（2）主要技术改造内容：在电力、用气、用水、储能等系统中设置检测点安装传感器，接入智慧互联网工厂级能源信息管理系统。2022 年 10 月实施节能改造，实施周期 6 个月。

（3）节能降碳效果及投资回收期：改造完成后，年耗电量降低至 1980 万kW·h/年，实现节能量 62tce/年，二氧化碳减排量 165t/年。投资额为 55 万元，投资回收期为 3.3 年。

（本章撰写人：马捷、张玉琢　审核人：王成洁）

参 考 文 献

［1］中国电力企业联合会. 中国电力行业年度发展报告 2024［M］. 北京：中国建材工业出版社，2024.

［2］清华大学建筑节能研究中心. 中国建筑节能年度发展研究报告 2024［M］. 北京：中国建筑工业出版社，2024.

［3］https://www.cpnn.com.cn/news/hy/202407/t20240708_1717495.html. 中国能源新闻网，2024.7.8.

［4］https://www.thepaper.cn/newsDetail_forward_24348126. 澎湃新闻，2023.8.24.

［5］https://cnews.chinadaily.com.cn/a/202412/05/WS67511661a310b59111da7272.html. 锡林郭勒盟融媒体中心，2024.12.5.

［6］http://www.sinopecnews.com.cn/xnews/content/2024-06/03/content_7096964.html. 中国石化报，2024.6.3.

［7］中国有色金属行业协会. 有色金属行业低碳技术发展路线图，https://youse.mysteel.com/23/0314/08/4448B1805C0CDBB9.html.

［8］中国建筑科学研究院. 中国水泥行业碳中和路径研究. 2023.7.17.

［9］北京大学. 中国石化行业碳达峰碳减排路径研究报告. 2022.11.

［10］邹风华，朱星阳，殷俊平，等. "双碳"目标下建筑能源系统发展趋势分析［J］. 综合智慧能源，2024，46（8）：36-40.

［11］曹伟，高鹏宇. 建筑空间中基于 AI 技术的感知与交互［J］. 中外建筑，2024，（1）：27-30.

［12］http://www.chinaden.cn/news_nr.asp?id=24833&Small_Class=7，分布式能源网，2021.1.5.

［13］贾利民. 交通能源融合需求、趋势与前沿技术. https://www.163.com/dy/article/J59MI8HO0552F81B.html. 新科技读客，2024.6.22.

［14］郑兆峰，高鸣.坚持发展生态低碳农业：内涵、挑战与战略构想［J］.华中农业大学学报，2024，43（3）：65-74.

［15］中国工信部.国家工业节能降碳技术应用指南与案例（2024年版）.https://www.miit.gov.cn/jgsj/jns/nyjy/index.html.

致　　谢

本报告在编写过程中，得到了国家电网有限公司、中国电力企业联合会、中国钢铁工业协会、中国有色金属行业协会、中国石油和化工联合会、中国水泥协会、交通运输部科学研究院、中国建筑科学研究院有限公司及一些业内知名专家的大力支持，在此表示衷心感谢！

诚挚感谢以下专家对本报告的框架结构、内容观点提出宝贵建议，对部分基础数据审核把关（按姓氏笔画排序）：

马百凯　王　滨　王慧丽　宋　超　张海颖　陈英杰　陈柏林　范　敏
彭　锋